365天
宝宝怎么吃

每日一读

吴光驰 | 首都儿科研究所保健科主任医师
主　编 | 中国优生科学协会理事

中国人口出版社
China Population Publishing House
全国百佳出版单位

图书在版编目（CIP）数据

365天宝宝怎么吃每日一读 / 吴光驰主编 . –– 北京：
中国人口出版社 , 2021.3
ISBN 978-7-5101-7729-3

Ⅰ . ① 3… Ⅱ . ①吴… Ⅲ . ①婴幼儿 – 哺育 – 基本知
识 Ⅳ . ① TS976.31

中国版本图书馆 CIP 数据核字 (2021) 第 004511 号

365 天宝宝怎么吃每日一读

365 TIAN BAOBAO ZENME CHI MEI RI YI DU

吴光驰　主编

责 任 编 辑	李玉景
责 任 印 制	林　鑫　单爱军
装 帧 设 计	刘淑媛
出 版 发 行	中国人口出版社
印　　　刷	小森印刷（北京）有限公司
开　　　本	889 毫米 ×1194 毫米　　1/16
印　　　张	19.75
字　　　数	340 千字
版　　　次	2021 年 3 月第 1 版
印　　　次	2021 年 3 月第 1 次印刷
书　　　号	ISBN 978-7-5101-7729-3
定　　　价	49.80 元

网　　　址	www.rkcbs.com.cn
电 子 信 箱	rkcbs@126.com
总编室电话	（010）83519392
发行部电话	（010）83510481
传　　　真	（010）83538190
地　　　址	北京市西城区广安门南街 80 号中加大厦
邮 政 编 码	100054

前　言

宝宝出生后第一年是最关键的一年。宝宝的健康成长离不开科学的喂养，作为新手妈妈，很多人面对快速生长的宝宝可能会有些束手无策，不知道该如何满足宝宝日益增长的营养需求。

宝宝需要哪些营养素？不同成长阶段宝宝的饮食特点是什么？如何实现母乳喂养？宝宝什么时候添加辅食？一开始应该喂什么？一顿吃多少？辅食有什么种类？多长时间可以尝试新的辅食？哪些食物一岁以内的宝宝还不能吃？如何避免食物过敏？何时过渡到辅食为主，奶为辅？何时可以完全吃大人饭……

本书针对家长们关心的问题，邀请专家为你详解宝宝出生后第一年的喂养知识。从母乳喂养，到辅食添加、辅食制作，再到日常营养搭配，有原则、有实践地指导新手爸妈。文中不仅有食谱的制作方法，还搭配大量的食谱图片，使家长一看就会，特别容易上手。所选食谱既注重营养的均衡，也注意避免食物过敏的发生，食材的选择、食谱的做法也充分考虑到孩子的口味，既有营养，宝宝又喜欢吃。

希望这本书能助力新手爸妈成为宝宝的专属营养师，为宝宝打造科学、营养的饮食，助力宝宝健康成长。

365天

宝宝怎么吃每日一读

目　录

7 个月　逐渐增加辅食种类　/　119

9 个月 细嚼型辅食适量增加膳食纤维 / 171

10 个月 开始断奶，逐渐增加辅食品种 / 197

附录 / 291

专题

不可不知的
宝宝喂养常识

专题 1：宝宝成长必需的 21 种营养素

营养素	对宝宝健康的作用	缺乏症状	食物来源
碳水化合物	碳水化合物又称糖类，主要作用是为宝宝的身体发育和运动提供热量，还能起到维持血糖水平正常的作用，并为大脑及神经系统提供能量	膳食中缺乏碳水化合物时，宝宝会全身无力、精神疲乏，有的宝宝会有便秘现象。热量不足，还会引起体温下降	谷物，如大米、小麦、玉米等。水果，如甘蔗、甜瓜、西瓜等。蔬菜，如胡萝卜、红薯、土豆等
脂肪	脂肪隶属脂类，是供给热能最多的物质。处于生长发育阶段的宝宝，机体新陈代谢旺盛，需要大量的热量，脂肪能满足宝宝对热能的需要	脂肪摄入不足时，宝宝身体消瘦、面无光泽，还会造成其他营养素的缺乏，从而引发相应的疾病，同时，宝宝的大脑和视力发育也会受到影响	脂肪含量丰富的食物多为动物性食物和坚果类。动物性食物以畜肉类和蛋黄含脂肪最为丰富，且多为饱和脂肪酸
蛋白质	蛋白质可以构成细胞和组织，促进宝宝生长发育，参与体内物质代谢，形成抗体，增强和供给热量	蛋白质缺乏，宝宝会出现生长发育迟缓、体重减轻、身材矮小，偏食，厌食，抵抗力下降、容易感冒	肉类、奶类及奶制品中蛋白质含量较高。蛋类，如鸡蛋、鸭蛋、鹌鹑蛋，以及鱼、虾、蟹等海产品中含量也较高。豆类，尤其大豆的含量较高
维生素 A	维生素 A 可维持宝宝皮肤黏膜层的完整性，还是构成视觉细胞内感光物质的原料，能保护宝宝的视力。维生素 A 参与细胞 RNA、DNA 的合成，对细胞分化、组织更新有一定影响，可以使宝宝骨骼、牙齿保持正常	维生素 A 缺乏的宝宝，皮肤变得干涩、粗糙，浑身起小疙瘩；头发稀疏、干枯、缺乏光泽；指甲变脆，形状改变；眼睛结膜与角膜易发生病变，出现眼干燥症，暗适应能力下降，易患夜盲症	维生素 A 醇（最初的维生素 A 形态）主要存在于动物的肉、内脏、奶及奶制品（未脱脂奶），以及鱼肉中。维生素 A 原（即 β-胡萝卜素，可在人体内转化为维生素 A）存在于植物性食物，如绿叶蔬菜、黄色蔬菜及水果中

营养素	对宝宝健康的作用	缺乏症状	食物来源
维生素 D	维生素 D 有助于宝宝骨骼发育，预防软骨病，能够促进宝宝大脑发育，增强神经细胞的反应敏锐度，提升智商。还能调节免疫系统，增强宝宝机体抵抗传染病的能力	缺乏维生素 D，会导致宝宝佝偻病的发生，其特征按月龄和活动情况而不同：6 个月以下的宝宝会出现"乒乓头"；6～12 个月的宝宝可出现方颅、肋骨外翻、鸡胸、漏斗胸等；1 岁左右的宝宝学走路时，会出现 O 型腿、X 型腿等	天然维生素 D 来自动物和植物，如海鱼、动物肝脏和蛋黄。牛奶、鱼肝油、乳酪和海产品中都含有一定量的维生素 D，但是天然食物中维生素 D 含量都很少
维生素 E	维生素 E 是一种具有抗氧化功能的维生素，对维持机体的免疫功能和预防疾病起着重要作用	缺乏维生素 E 表现为皮肤粗糙干燥、缺少光泽，容易脱屑，以及生长发育迟缓等	各种植物油（麦胚油、棉籽油、玉米油、花生油、芝麻油）、谷物的胚芽、多种绿色蔬菜、肉类、奶类、蛋类等
维生素 K	维护血液正常凝固	缺乏维生素 K，宝宝身上易因轻微的碰撞而出现瘀青	鱼、鱼卵、动物肝脏、蛋黄、奶油、黄油、干酪、肉类、奶类、水果、坚果、蔬菜及谷物等
B 族维生素	促进生长发育、增进食欲、调节代谢。维生素 B_1 可以帮助消化，调节糖代谢和全身各系统的功能，预防神经炎。维生素 B_2 参与机体能量与蛋白质代谢，促进生长发育	缺乏维生素 B_1 会引起手脚发麻及多发性神经炎和脚气病。缺乏维生素 B_2，宝宝容易出现口臭、睡眠不佳、精神倦怠、皮肤出油、皮屑增多等。缺乏维生素 B_6 和维生素 B_{12} 可出现皮肤感觉异常、毛发稀黄、精神不振、食欲下降、贫血等	米糠、全麦、燕麦、花生、猪肉及牛奶中含有大量的维生素 B_1。牛奶、动物肝脏、酵母、奶酪、鱼、蛋类都是维生素 B_2 的丰富来源。维生素 B_6 在酵母、小麦麸、麦芽、动物肝脏与肾脏、大豆中含量较高

续表

营养素	对宝宝健康的作用	缺乏症状	食物来源
维生素 C	维生素 C 能够参与宝宝体内多种代谢过程，包括红细胞、骨骼和组织的形成与修复，能增强宝宝免疫系统的功能，有助于抵御流感病毒的侵袭。维生素 C 还参与造血	缺乏维生素 C 时，机体抵抗力减弱，容易经常感冒，伤口不易愈合	新鲜水果和蔬菜中的维生素 C 含量丰富。富含维生素 C 的水果有猕猴桃、柚子、橙子、草莓、柿子等；富含维生素 C 的蔬菜有苋菜、青蒜、蒜苗、香椿、菜花等
牛磺酸	牛磺酸对宝宝大脑发育、神经传导、视觉功能的完善以及钙的吸收有良好作用，宝宝体内不能自身合成牛磺酸，必须通过外源补充才能满足正常生长发育的需要	缺乏牛磺酸，会出现视网膜功能紊乱、生长发育缓慢、智力发育迟缓等	母乳，尤其是初乳中牛磺酸含量最丰富。在所有食物中，海产品中牛磺酸含量最为丰富，如章鱼、虾、牡蛎等。此外，蚕豆和黑豆中的牛磺酸含量也不少
叶酸	叶酸是 B 族维生素中的一种，亦称为维生素 B_9，是制造红细胞不可缺少的物质。它有助于蛋白质代谢，在制造核酸过程中扮演重要角色。叶酸在宝宝生长发育期，掌管着血液系统，起到促进组织细胞发育的作用，并能够提高智力，是宝宝成长过程中不可缺少的营养物质	缺乏叶酸，会引起巨幼细胞贫血，还会导致消化功能障碍，产生胃肠不适、神经炎、腹泻等问题。宝宝心智发育迟缓也跟缺乏叶酸有关，如果孕期缺乏叶酸，还会引起胎儿神经管畸形	含有维生素 C 的食物都含有叶酸，如新鲜蔬菜和水果，谷物类中小米、小麦、米糠、小麦胚芽、糙米等
卵磷脂	卵磷脂可以促进婴幼儿大脑神经系统与脑容积的增长、发育，提高和增强记忆力	缺乏卵磷脂，会降低皮肤细胞的再生能力，导致皮肤粗糙、有皱纹、脱发等，还会导致记忆力减退	蛋黄、牛奶、动物的脑、骨髓、心脏、肺、肝脏、肾脏、大豆和酵母中都含有卵磷脂

营养素	对宝宝健康的作用	缺乏症状	食物来源
乳清蛋白	乳清蛋白是一种完善人体免疫系统的蛋白质，是母乳的主要成分。乳清蛋白含有人体必需的 8 种氨基酸，且配比合理，接近宝宝的需求比例，是宝宝生长发育中不可缺少的物质	缺乏乳清蛋白，会表现出生长发育迟缓，免疫功能降低，抵抗力下降，易患肠道疾病，不利于铁的吸收，从而导致缺铁	母乳、配方奶粉、奶酪及其他奶制品都含有乳清蛋白。母乳是乳清蛋白的主要来源，营养极其丰富
铁	铁是宝宝生长发育与健康的重要营养素，是人体的必需元素之一。人体内铁的含量为 35～60 毫克/千克，在人体各种矿物质中居首位	缺乏铁元素最直接的危害就是造成宝宝缺铁性贫血，表现为：疲乏无力，面色苍白，皮肤干燥，毛发无光泽、易断、易脱，指甲条纹隆起，严重者指甲扁平，甚至呈"反甲"。缺铁严重的宝宝，易患口角炎、舌炎等	动物肝脏、蛋黄、瘦肉、黑鲤鱼、虾、海带、紫菜、木耳等食物中含有丰富的铁。另外，动植物食品混合吃，铁的吸收率可增加 1 倍，因为富含维生素 C 的食品能促进铁的吸收
DHA	DHA 隶属脂类，俗称脑黄金，是宝宝大脑发育、成长的重要物质之一，是一种对人体非常重要的多不饱和脂肪酸，对宝宝智力和视力发育至关重要	缺乏 DHA 可引发一系列症状，包括生长发育迟缓、皮肤异常鳞屑、智力障碍等	宝宝所需 DHA 的来源主要是母乳。食物中，鱼类体内含有丰富的 DHA，深海鱼类中，三文鱼、金枪鱼、沙丁鱼、秋刀鱼等 DHA 含量很高；鸡蛋、猪肝中也富含 DHA
钙	钙能够促进宝宝的骨骼生长。因为宝宝在不断地成长，所以钙的补充是非常重要的。钙还可以使宝宝牙齿更坚固	缺钙常表现为多汗、夜惊，1 岁以上的宝宝表现为出牙晚，前囟门闭合延迟，常在 1 岁半后仍不闭合。缺钙严重时，肌肉肌腱均松弛，表现为腹部膨大、驼背等，1 岁以内的宝宝站立时有 X 型腿或 O 型腿	豆制品和奶制品都是优质的补钙食品；此外，坚果、鸡蛋也是钙源丰富的食物；海产品如鱼、虾皮、虾米、海带、紫菜等含钙量也较高

续表

营养素	对宝宝健康的作用	缺乏症状	食物来源
碘	碘被称为"智力元素"。人体内80%的碘存在于甲状腺中，碘的生理功能主要通过甲状腺激素表现出来。碘不仅对调节机体物质代谢必不可少，对机体的生长发育也非常重要。0～2岁是脑细胞发育的关键时期，碘营养是否合理，直接影响宝宝一生的智力水平	婴儿期缺碘，可引起克汀病，表现为智力低下，听力、语言和运动障碍，身材矮小，上半身比例大，有黏液性水肿，皮肤粗糙干燥等。幼儿期缺碘，会引发甲状腺肿大	海带、紫菜、海鱼、虾等海产品含碘非常丰富
锌	锌是宝宝生长发育必需的元素，母乳中的锌含量很适合宝宝生长发育的需要。初乳中含锌量达20毫克/升，3～6个月的母乳中含锌量也能达到2～3毫克/升，因此，母乳喂养的宝宝很少患锌缺乏症。但随着母乳质量的下降和辅食添加，食物补锌是一定要牢记的营养原则。而对哺乳妈妈而言，也应多选含锌量高的食物	锌缺乏对宝宝的味觉系统有不良影响，会导致味觉迟钝及食欲缺乏，出现异食癖，生长停滞。锌缺乏的宝宝会出现皮肤干燥、头发易断没有光泽、创伤的愈合比较慢等症状	海产品中牡蛎、鱼类含锌量较高；动物性食物中，如猪肉、猪肝、鸡肉、牛肉等也含有一定量的锌；另外，豆类、坚果等都是补锌的好食品
硒	硒是维持人体正常生理功能的重要矿物质，对宝宝的智力发育起着重要作用。硒还有抗氧化、增强免疫力的作用，能保护并稳定细胞膜，保证宝宝健康成长	宝宝缺硒易患假白化病，表现为牙床无色，皮肤、头发无色素沉着，以及大细胞性贫血等症	含硒量高的动物食品有：猪肾、鱼、小海虾、对虾、海蜇皮、驴肉、羊肉等；含硒量高的植物食品有：芝麻、花生、黄花菜等

续表

营养素	对宝宝健康的作用	缺乏症状	食物来源
镁	镁是人体新陈代谢过程中必不可少的元素。宝宝体内的血镁含量虽然很少，但对维护中枢神经系统的功能，抑制神经、肌肉的兴奋性，保障心肌正常收缩等方面有重要作用	缺乏镁元素会使宝宝发生低镁惊厥症，轻症仅表现为眼角、面肌或口角的搐动，典型发作为四肢强直性抽搐	绿色蔬菜、水果、坚果、海带、豆类、燕麦、玉米、花生、芝麻、扁豆等含镁量较高
钠	钠可调节人体内液体酸碱性，调节水分交换，保持渗透压平衡，有助于防止宝宝热衰竭和中暑。钠还参与神经和肌肉的活动，协助神经和肌肉的正常运作，使宝宝活动更灵活	宝宝长期出汗过多、腹泻、呕吐等会发生钠缺乏症。钠元素缺乏会造成宝宝身体失水、食欲减退和生长缓慢	人体钠来源主要为食盐，以及加工、制作食物过程中加入的钠的复合物

专题 2：不同成长阶段宝宝的饮食特点

新生儿期：母乳喂养关键期

宝宝出生后的第 1 个月，也称新生儿期。对于新生儿来说，最理想的营养来源莫过于母乳。母乳含有宝宝成长所需的所有营养和抗体。

如果母乳不足或完全没有，就要选择相应阶段的配方奶，定时定量喂哺。配方奶中的营养成分与母乳十分接近，基本能满足宝宝的营养需要。

新生儿饮食没有规律性，因其胃口小，新陈代谢比较快，所以饿得也快。只要宝宝张着嘴巴哭闹，妈妈感到奶胀，或者妈妈认为宝宝需要时，都可以进行哺乳。一般来说，新生儿每天吸乳 10 ~ 12 次为正常。

婴儿接受母乳的规律有差异，这就是按需喂养的基础。只要养成一定规律，每次进食正常、生长正常，就是正常的喂养。

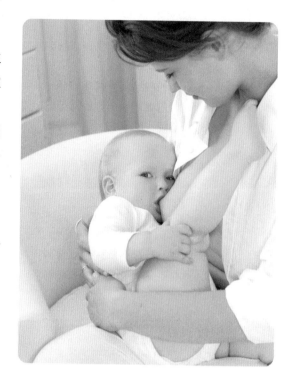

1 ~ 4 个月：全面母乳喂养期

宝宝满月后，随着生长发育的加快，应按身体需要适当补充维生素 D 等营养元素，同时也要慢慢地建立规律的饮食习惯。

随着月龄的增加，宝宝吃奶的量会大大增多，不但吃得多，而且吃得快，吞咽的时候能听见咕嘟、咕嘟的声音，嘴角还不时地溢出奶液来。这段时期的宝宝饮食应以母乳和配方奶为主，一般无须添加其他辅食。

4 ~ 6 个月：添加辅食准备期

4 ~ 6 个月的宝宝对食物的需求没有太大的变化，仍以母乳和配方奶为主。为了刺激宝宝对乳类以外食物产生兴趣，锻炼宝宝的咀嚼和吞咽能力，为以后的断奶做准备，此时应适当让宝宝吃些辅食。有缺铁性贫血症状的婴儿，可在 4 个月时适当添加辅食。

宝宝最初的辅食应以含铁的米粉为主。辅食添加要适当，否则会导致宝宝腹泻及胃肠功能紊乱，不仅达不到添加辅食的目的，反而会造成宝宝原有营养流失。给这个阶段的宝宝添加辅食还应注意，不要影响母乳的喂养，此时充足的奶量仍是宝宝健康生长发育的重要保障。

6 ~ 10 个月：逐渐进入断奶期

宝宝到了 6 个月以后，口腔唾液淀粉酶的分泌功能日益完善，神经系统和肌肉控制能力也逐渐增强，吞咽活动已经很自如了。这时，可给宝宝吃些稍有硬度的食物。

7 ~ 8 个月的宝宝开始萌出乳牙，有了咀嚼能力，同时舌头也有了搅拌食物的功能，对饮食也越来越多地显示出个人的爱好，喂养上也随之有了一定的要求。宝宝可继续吃母乳和配方奶，奶量可保持在每天 500 毫升左右，添加的辅食以谷物为主，配上蛋黄、鱼泥或肝泥等。

9 ~ 10 个月宝宝的咀嚼能力逐渐增强，可适当添加一些稍硬的食物，如碎菜叶、面条、肉末等。但是宝宝的消化能力还不完善，因此要注意食物的软烂程度。

10 ～ 12 个月：一日三餐确定期

10 ～ 12 个月宝宝的饮食可以大致按照一日三餐来安排了。除三餐外，早晚还要各吃一次奶。母乳可由早晚各一次，逐渐减为晚上一次，最后完全停掉而以配方奶代之。宝宝现在能吃的饭菜种类很多，但由于臼齿还未长出，不能把食物咀嚼得很细。因此，10 ～ 12 个月宝宝的饭菜要做得软烂一些，肉要剁成末，蔬菜要切得较碎，以便于消化。

10 ～ 12 个月宝宝大多数在学步，比较贪玩，所以食欲会有所下降，有的则表现为挑食。会走的宝宝对食物更加挑剔，不喜欢吃往往就不吃，妈妈要积极引导，避免宝宝养成偏食、挑食的不良习惯。

1 ～ 1.5 岁：咀嚼消化提高期

1 ～ 1.5 岁的宝宝已经长出了 5 ～ 8 颗乳牙，与婴儿时期相比，其咀嚼能力和消化能力都有了明显提高，但消化系统仍然比较弱，无法和成年人相比。因此，妈妈们不要怕麻烦，应细心地为宝宝烹制适合的饭菜，以促进宝宝的健康成长。在给宝宝做饭菜时，要注意软、烂、碎，特别是对于不容易消化的肉类和植物纤维类食物如芹菜等，更应仔细加工。

1 ～ 1.5 岁的宝宝在保证一日三餐的基础上，每天还要喝两次奶，总量应保持在 500 毫升左右。奶类可为宝宝提供优质蛋白质，还可以补钙，是宝宝强健骨骼、促进大脑发育的重要保障。同时为了适应生长发育的需要，还要吃些点心、零食，但要适量，尤其是甜食不能吃得太多，且不能影响正餐。

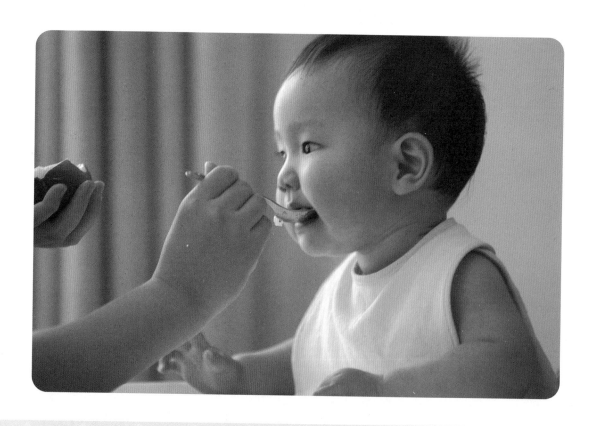

1.5～2岁：成年人饮食过渡期

宝宝到1.5岁时，随着消化和咀嚼功能的不断完善，可以接受稍硬的食物了。此阶段的饮食在慢慢向成年人过渡，粮食、蔬菜、肉类已成为宝宝摄取营养的主要来源。不过此时宝宝还不能完全吃成年人的食物，营养均衡、易于消化应成为此时宝宝饮食的原则。

早餐可以给宝宝吃面包、饼干、鸡蛋、牛奶等，不要吃油饼、油条等油炸食物。应继续让宝宝喝奶，每天的奶量最好控制在250毫升左右。在奶量减少后，每天要给宝宝吃两次点心，时间可以安排在下午和晚上，但不要吃得过多，以免影响宝宝的食欲和食量。否则时间长了，会引起宝宝营养不良。

2～3岁：热量需求膨胀期

2～3岁的宝宝，已经长齐了20颗乳牙，咀嚼能力大大增强，可以直接吃成年人的食物了，如馒头、面条、饺子、肉等。但在给这个时期的宝宝做饭时，妈妈仍需要特殊对待，一些较硬的食物要炖得比成年人食物软烂一些，这样才有助于宝宝的消化吸收。

2～3岁的宝宝活动量相当大，所需热量比2岁前要多很多，每天所需要的热量为1200～1500千卡。为了保证宝宝每天能够获得充足的热量，需要科学安排日常饮食。如果宝宝的活动量比较大，还需要在主餐之外再补充一些点心，如饼干、糕点等。

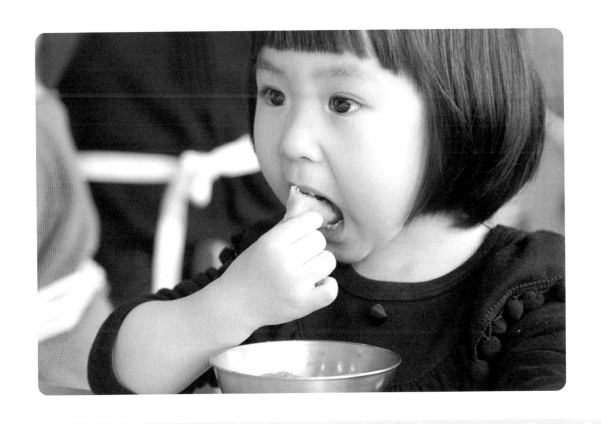

专题 3：0 ~ 1 岁各阶段的食物处理方式

1 岁以内，食物分阶段处理

	4 个月后：汁的阶段	5 ~ 7 个月：泥的阶段	8 ~ 9 个月：颗粒阶段	10 ~ 12 个月：小块阶段
苹果	洗净切块，放入榨汁机榨汁，喂食过滤后的汁	用勺刮成泥状喂食	切成碎丁，让宝宝自己用手抓着吃	切成小块放在碗里，让宝宝自己捏着放入嘴里
胡萝卜	切片放在碗里，加水蒸熟，喂食碗内的水	蒸熟，用勺刮成泥或用磨泥器捣成泥喂食	蒸熟，切成小颗粒，让宝宝自己大把抓着往嘴里送	切成条，蒸熟后放在碗里，让宝宝自己拿着吃
鱼肉	暂不能添加	蒸熟，去刺，用勺碾成泥，加入粥里喂食	炖熟，去刺，撕成肉丝放在碗里，让宝宝自己用手抓着吃	蒸熟，去刺，大块置于碗里，让宝宝自己用手指捏着吃
豆腐	暂不能添加	煮熟，磨碎，加入粥里喂食	把饭汤里的豆腐块拣出来置于碗里，用勺压扁，让宝宝自己用手抓着吃	把饭汤里的豆腐块拣出来，让宝宝自己用手指捏着吃
西蓝花	洗净切块，放入榨汁机中榨汁，喂食过滤后的汁	掰成小朵，煮熟捞出，磨碎，加入粥里喂食	掰成小朵，煮熟捞出，切成更小的块，让宝宝自己大把抓着吃	掰成小朵，煮熟捞出，让宝宝自己用手指捏着吃
猪肉	暂不能添加	煮熟，刷碎，加入粥里喂食	煮熟，刷成肉末，让宝宝自己大把抓着吃	煮熟，切成小块，让宝宝自己用手指捏着吃

满 1 岁时食物的处理

猪肉	香蕉	西蓝花	苹果	胡萝卜
切成块、丝、条、片都可以，炖、炒均可，连菜带肉一起吃	剥去皮，让宝宝自己用手抓着直接吃	切成大朵，炒或焯后凉拌均可，宝宝用勺子舀不起来的话也可以让他自己用手抓着吃	切成大块，让宝宝自己用手抓着吃	切成片、丝、块，炖、炒均可，让宝宝自己用手抓着吃

365天

宝宝怎么吃每日一读

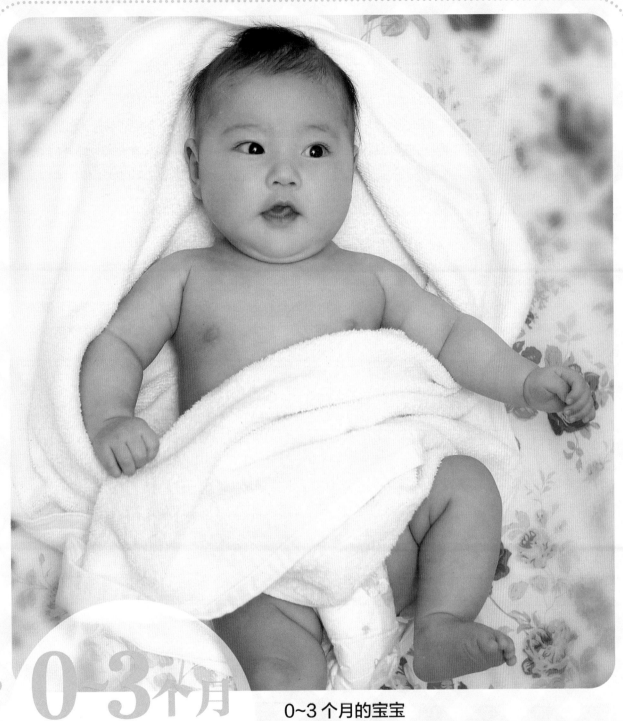

0~3个月

认识母乳喂养的
重要性

0~3 个月的宝宝

新生儿期：身上皮肤粉红、细嫩，头显得很大，呼吸微弱得几乎听不见，四肢蜷缩在胸前。

第 2 个月：宝宝发育较快，宝宝会用笑和哭表达意愿，手的能力也有了长进。

第 3 个月：从外表上看比以前长大了许多，体重几乎是出生时的 2 倍。

母乳——宝宝最完美的食物

母乳是宝宝成长中最自然、最安全、最完美的天然食物。它含有宝宝成长所需的所有营养和抗体。特别是母乳中含有 3.8% 的脂肪，除了为宝宝提供热量之外，还为宝宝提供脑部发育所需的脂肪（脑部 60% 的结构来自脂肪）；丰富的钙和磷，可以使宝宝长得又高又壮；免疫球蛋白可以有效保护宝宝，使宝宝免受细菌和疾病的侵犯。

早开奶、早吸吮

联合国儿童基金会提出，新生儿在出生后半小时便可吸吮母亲乳头，最晚也不应超过 6 小时。开奶越早、喂奶越勤，宝宝越能尽快吃到营养丰富的初乳，也有利于促进妈妈的乳汁分泌，有助于母乳喂养的成功。初乳是母亲产后最初几日产生的乳汁，含有丰富的抗体，对多种细菌、病毒具有抵抗作用，所以应及时让宝宝吃上初乳。

按需哺乳

尽管新生儿的胃容量小，但消化乳类能力很强，所以喂奶次数应以新生儿饥饱状态决定。因此，当新生儿睡不实，眼球开始转动，出现觅食反射，并有饥饿啼哭，而母亲也自觉乳房胀痛时，就应开始喂哺，哪怕距上次哺乳才一两个小时也要喂。这种喂养叫"按需哺乳"。

母亲乳汁较少时，给宝宝吃奶的次数应增加。一方面可以满足宝宝的生理需要；另一方面通过宝宝吸吮的刺激，也有助于泌乳素的分泌，继而乳汁量也会增加。另外，新生儿消化乳类的能力很强，喂奶次数应根据新生儿饥饱状态决定。

满月后的婴儿，只要母乳充足，随着每次吸奶量增多，吃奶的间隔时间会自然延长，此时可采取定时喂养，但时间不能规定得过于呆板。一般情况下，两个月以内婴儿每隔 3 ~ 4 小时喂奶 1 次，一昼夜吃 6 ~ 8 次；3 ~ 4 个月婴儿每日喂 6 次左右，以后渐减。

母乳喂养可以不喂水

联合国儿童基金会提出"母乳喂养不需加水"。母乳含水量达 80% 以上，通常情况下，母乳喂养的宝宝，在 4 个月内不必增加任何食物和饮料，包括水。

某些特殊情况下，如宝宝因高热、腹泻发生脱水时，或者服药后、盛夏出汗多时，还是需要另喂些温开水。混合喂养的宝宝和人工喂养的宝宝在两餐之间应该补充温开水。

虽然母乳喂养的宝宝不需要喂水，但让宝宝尝尝水的味道，为日后顺利喂水做准备是必要的。

宝宝是否吃饱了

许多年轻的妈妈往往不知道自己的孩子是否吃饱，于是长时间地将奶头塞在孩子嘴里。如是人工喂养，牛奶或奶粉的量容易掌握，但是加水太多，奶水太稀，小儿是否吃饱有时也很难掌握。其实，有许多简单易行的方法可以判断婴儿是否已经吃饱。

首先要了解自己的奶水足不足。如果自己的乳房胀得很满，乳房表面静脉明显可见，小儿吸奶时可以听到连续几次到十几次的咽奶声，说明母乳量很足，可以让孩子吃饱。小儿如果吃完奶后安静入睡或者自己放开奶头，同时体重逐渐增加，且大便正常，每日 2 ~ 3 次，呈金黄色稠粥样，则说明孩子吃饱了。

如果自己的乳房看上去不很饱满，平时奶汁很稀薄，婴儿不到喂奶时间就哭，或睡后不久又哭醒；或者喂奶时，孩子用力吸奶，而咽的很少，有时在吸奶时突然放开，啼哭不止；小儿嘴边一接触到异物，就四处寻找奶头，并且有吸吮动作；小儿体重增加缓慢或不增加，也就是小儿的体重不能按正常婴儿的规律增长，表现消瘦，皮下脂肪较薄；小儿尿少，大便次数增多，大便颜色与数量与正常不同。以上这些都说明小儿没有吃饱。

当发现孩子没有吃饱时，就应该及时调整喂奶的方法或增加其他乳制品的喂给。

纯母乳喂养至少 6 个月

最佳的婴儿喂养方法是出生后 6 个月内进行纯母乳喂养，之后继续母乳喂养，同时适当添加安全的辅食，直到 2 岁甚至 2 岁以上。6 个月以前的宝宝较少生病，不仅缘于母体带给他的免疫力，母乳同时也在持续供给他免疫物质。母乳中含有的轻泻成分，使纯母乳喂养的宝宝大便不成形且次数多，这确保宝宝不被便秘困扰，也不会影响生长发育。

研究发现，如果 6 个月大的婴儿采用纯母乳喂养，患湿疹、哮喘等过敏性疾病的风险较低。但 6 个月后仍然纯母乳喂养的话，患过敏性疾病的风险会增加。

喂奶后，要拍嗝

拍嗝的目的是帮助宝宝排出吃奶时吞进胃里的空气。为了使宝宝容易打嗝，喂奶时要把宝宝头部的姿势摆正。每次哺乳到一半，可以停下来竖抱着宝宝拍嗝，最好在能听到宝宝喉咙里发出打嗝的声音后，再把宝宝横抱着继续哺乳。宝宝吃饱后要再次拍嗝，结束喂奶后，尽量在成功拍出嗝后再平放下宝宝，以免宝宝睡到一半时漾奶。一般来说，拍嗝能明显减少宝宝漾奶的次数。

母乳的保存

哺乳期妈妈有时候需要外出，不能保证每顿都可以自己喂宝宝。此时，可以将多余的母乳用吸奶器吸出，储存起来。

吸出来的母乳要放入干净的容器中，如消过毒的塑料桶、奶瓶或专门的奶袋等。装奶器皿不要装得太满，要留足冷冻后膨胀的空间。如果长期存放母乳，最好不要用塑料袋装。另外，最好按每次给宝宝喂奶的量，把母乳分成若干小份来存放，在每一小份母乳外包装上贴标签并写上日期，以方便家人或保姆给宝宝合理喂食且不浪费。

将多余的母乳储存起来，不仅让哺乳期妈妈多出些自由安排的时间，在某种程度上还可以延长母乳喂养的时间。解冻时，将盛母乳的容器放入温水或流水中，然后再放入盛有热水的容器中温热至37℃。在这里要注意，冷冻母乳不可用微波炉解冻，因为高温会破坏母乳中的免疫成分。另外，应该在解冻后的3小时内饮用完毕，解冻后的母乳不能再次冷冻。

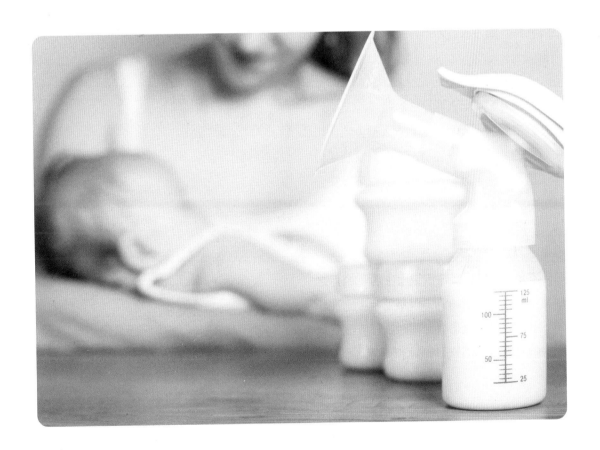

正确的哺乳方式

在母乳喂养过程中，掌握哺乳的方法与技巧，对于是否可以顺利完成哺乳任务，更好地养育宝宝，具有非常重要的意义。掌握了正确的哺乳姿势，不仅宝宝舒服，而且妈妈也不会觉得很累。

哺乳姿势大致可分为摇篮式（坐式）、环抱式（或称足球式）、卧式（仰卧、侧卧）等。

妈妈要找到放松舒适的体位，让宝宝身体贴近妈妈，脸向着妈妈，鼻子对着乳头，头与身体成直线，胸贴胸，腹贴腹，下颌贴乳房，妈妈手托着宝宝的臀部。

托乳房的姿势

拇指和其余四指分开，四指并拢在乳房下的胸壁上，用食指托乳房的根部，拇指轻轻放在乳房上方，但要注意妈妈的手不要离乳头太近。

正确的含接姿势

用乳头碰宝宝上嘴唇，诱发宝宝觅食反射，待宝宝张大嘴，让宝宝同时含住乳头及大部分乳晕，而非只含住乳头。因为压迫乳晕有益于刺激乳汁分泌，宝宝会慢而深地吸吮，能看到吞咽的动作和听到吞咽的声音。

充分排空乳房可促进乳汁分泌

充分排空乳房，会刺激泌乳素大量分泌，可以产生更多的乳汁。在一般情况下，可以使用传统的手法挤奶或使用吸奶器吸奶，这样可以充分排空乳房中的乳汁。

尽量不用奶瓶

母乳不足时，特别是在宝宝出生后 1 个月之内，尽量不要使用奶瓶哺乳，以避免宝宝出现乳头错觉，从而拒绝吸吮母乳。同时，还应该注意两侧乳房轮流喂哺，以保证乳房均衡泌乳。

不宜进行"哺乳前喂养"

新生儿的体内有一定的营养积蓄，暂时吃不到母乳不会妨碍他的生长发育。而且，只要宝宝吸吮充分，99%以上的新妈妈在第3 ~ 5天都能开始分泌足够宝宝吃的奶水。

目前一般认为，新生儿不宜进行"哺乳前喂养"（在第一次喂母乳前给新生儿喝糖水或配方奶）。"哺乳前喂养"的弊端主要在于：开始喂哺时，妈妈不是乳腺管没有通畅导致乳头不出奶水，就是奶水还没有下来。这两种情形都会导致宝宝努力吸吮却吃不到奶。如果此时可以轻松喝到配方奶，宝宝就会拒绝再吸妈妈的乳头，导致母乳喂养的失败。这也会使妈妈产生自己奶水不够的错觉，从而造成心理压力，影响泌乳。

妈妈生病了怎么哺乳

只要不是乳房局部感染，引起妈妈患病的病菌很难通过乳汁进入宝宝体内，而妈妈对抗各种疾病产生的抗体却可以通过乳汁进入宝宝体内，从而增加宝宝的抗病能力。

妈妈患以下轻微疾病，可以继续母乳喂养。

感冒、流感

一般药物对母乳没有影响。母乳中已经制造免疫因子传输给宝宝，即使宝宝感染发病，也比母亲的症状轻。

可以在吃药前哺乳，吃药后半小时以内不喂奶。妈妈要戴着口罩喂奶。

腹泻、呕吐

一般肠道感染不会影响母乳，注意多饮水。妈妈在哺乳前后要洗手。

乳腺炎

妈妈患了乳腺炎，更要哺乳。患了乳窦堵塞或者乳腺炎的妈妈，对自己和宝宝所能够做的最好的事情就是继续哺乳，而且应该更加频繁地喂哺，以缓解症状。即便很痛苦，妈妈也不能放弃努力，因为宝宝的吸吮是最有效的治疗方式。除非有特殊情况，不要轻易尝试用药物疏通奶管。

另外，妈妈患病需要服药时，药物及剂量一定要听从医生的建议，有些药物，如环丙沙星类抗生素、抗凝血药物、治疗神经或精神病的药物等，要避免服用，这些药对宝宝的伤害很大。

混合喂养和人工喂养方法

虽然我们极力提倡母乳喂养，但是当母乳不足或不能按时给宝宝哺乳时，就需要给宝宝吃配方奶，也就是进行混合喂养或人工喂养。

母乳喂养和人工喂养同时进行，称为混合喂养。混合喂养是以配方奶代替一次或几次母乳喂哺，但总次数不应超过每天哺乳次数的一半。

人工喂养是由于各种原因妈妈不能亲自喂哺宝宝，完全用婴儿配方奶、牛奶、羊奶或其他代乳品喂哺宝宝。人工喂养首选婴儿配方奶，它非常接近母乳的营养成分。

混合喂养的最佳方案

有些混合喂养的宝宝会出现乳头错觉，有拒奶、烦躁等现象，造成母乳喂养困难，所以在混合喂养时，需要注意一些问题。

一顿只吃一种奶

不要一顿既吃母乳、又吃配方奶，这样不利于宝宝消化，容易使宝宝对乳头产生错觉，可能引起对奶粉的厌食，拒绝用奶嘴吃奶。所以，母乳和配方奶要分开喂养。不要先吃母乳，不够了，再调奶粉。即使没吃饱，也不要马上喂配方奶，不要将下一次喂奶时间提前。另外，每次冲奶粉时，不要放太多，尽量不让宝宝吃搁置时间过长的奶粉，水温最好和人体的温度差不多，一般在 36℃左右即可。

夜间最好是母乳喂养

夜间妈妈比较累，尤其是后半夜，起床给宝宝冲奶粉很麻烦。另外，夜间妈妈处于休息状态，乳汁分泌量会相对增多，宝宝的需要量又相对减少，母乳基本可以满足宝宝的需要。但如果母乳分泌量确实太少，宝宝吃不饱，这时就要以配方奶为主了。

充分利用有限的母乳

当添加配方奶后，有些宝宝就喜欢上了奶瓶，因为奶嘴孔大，吸吮很省力，吃起来痛快。而母乳流出来比较慢，吃起来比较费力，宝宝就开始对母乳不感兴趣了。

妈妈要尽量多喂宝宝母乳，如果不断增加配方奶量，母乳分泌就会减少，对继续母乳喂养不利。母乳是越吸越多的，如果妈妈认为母乳不足，而减少喂母乳的次数，就会使母乳越来越少。母乳喂养与配方奶喂养的次数要均匀分开，不要很长一段时间都不喂。

配方奶喂养

母乳不足或无法用母乳哺喂时，可尝试给宝宝吃一些安全配方奶，但是宝宝最好的食物还是母乳。因此，应该首先尝试母乳喂养，母乳不够再用配方奶补充。什么奶都肯吃的宝宝也应该让他先吃母乳，后吃配方奶。即使是吃配方奶的宝宝，开始时也应该尝试与配方奶交替喂母乳。

配方奶喂养要点

明确配方奶的品种

适合孩子的配方奶有牛奶、羊奶、豆奶以及氨基酸配方奶，它们分别适用于不同的宝宝。对牛奶过敏而不能食用牛奶配方的宝宝，可选择羊奶配方、豆奶配方以及氨基酸配方。这些特殊配方奶价格较贵，且有不同的适应证，最好在医生指导下选择购买。

配方奶的选择标准

选择配方奶可从以下两方面加以考虑：一是食后无便秘、无腹泻等症状，体重和身高等指标正常增长，宝宝睡得香，食欲也正常；二是宝宝无口气，眼屎少，无皮疹。每个宝宝对配方奶的适应情况存在个体差异，因此家长的选择也不尽相同。

冲调严格按照说明书

给宝宝喂食配方奶要根据配方奶的调配指示来进行，不同品牌的配方奶有着不同的调配比例，要严格按照说明书喂食。

有很多家庭出现过出于在月子里忙乱，没有细心查看配方奶的调配说明，而只把配方奶当成一般的奶粉来喂食，造成宝宝一直吃不饱的状态。

冲调配方奶的步骤

①在消过毒的奶瓶中，先加入适量的温开水，水温宜选择 40℃ 左右。若用滚烫的开水冲泡配方奶，容易结成凝块，同时还会杀死奶粉中的活性物质，影响营养的摄取。

②用奶粉匙取适量配方奶，加入奶瓶中，注意是平匙，配方奶量不宜凸出或凹进匙口。

③盖上奶瓶盖，轻轻摇匀。

④将奶瓶倒置，把奶滴到手腕内侧试温度，感觉温度不烫手为宜。

舒适的喂食方法

用手托住宝宝颈部，小心将宝宝抱起，采用摇篮式，将宝宝呈 45° 角斜抱，在床上坐稳。妈妈用手托住奶瓶瓶身，让奶水充满整个奶嘴和瓶颈后，再放入宝宝嘴里。

喂奶过程中可以让宝宝歇息几次，喂完奶后，用纱布巾将宝宝的嘴巴擦拭干净。

喂奶后再用直立式抱法，将宝宝的下巴靠在妈妈的肩膀上，用空心掌由下往上轻拍宝宝的背部，直到宝宝打出嗝为止。

奶瓶要勤消毒

每次喂奶后，要立即将奶瓶冲洗干净，必要时可以借助专用刷子。奶瓶消毒用奶锅或不锈钢锅均可以，家用蒸锅内放水烧开，将洗干净的喂奶用具放进去煮 5 分钟，捞出即可（要选择质量有保障的奶瓶，这样的奶瓶经过水煮不会变形）。

也可以多准备几个奶瓶，每天留出固定的时间统一清洗，一起晾干待用。

配方奶喂养的宝宝要喂水

配方奶喂养的宝宝需要在两顿配方奶之间喂一次水。一般情况下，每次给宝宝饮水不应超过 100 毫升，炎热的季节或宝宝出汗较多时，可适当增加。

牛奶中的蛋白质 80% 以上是酪蛋白，分子质量大，不易消化，牛奶中的乳糖含量也较人乳少，这些都容易导致宝宝便秘，给宝宝补充水分有利于缓解便秘。而且牛奶中含钙、磷等矿物质成分较高，宝宝的肾脏还没有发育成熟，为了帮助过多的矿物质和蛋白质的代谢物从肾脏排出体外，也需要有足够的水分。

配方奶喂哺用具

奶瓶的选择

奶瓶的材质大致可以分为两类：一类是玻璃的，一类是塑料的。

对于新生儿来说，较适合选择玻璃奶瓶。玻璃奶瓶的好处在于透明度高，易清洁，不易刮伤。玻璃奶瓶上标有清楚的刻度，可以经常蒸煮或用微波炉反复消毒、加热，不会产生不利于健康的化学物质，使用寿命也相对较长。

由于玻璃材质易碎、较重，更适合 1 ～ 3 个月的宝宝使用。

奶嘴的选择

①材质：奶嘴是奶瓶的重要组成部分。从材质上看，奶嘴主要分两种：一种是橡胶奶嘴，一种是硅胶奶嘴。

橡胶奶嘴呈黄色，其柔软度、弹性、质感更接近母亲的乳头。但橡胶奶嘴会略带些橡胶味且容易变质。

硅胶奶嘴呈白色，可反复消毒，不易变质，没有橡胶味，但缺点是容易被咬破。

②奶孔：每种奶嘴的开口不一定都是一样的，有的是圆孔，有的是十字孔，还有的是根据妈妈乳汁流量的原理设计的 Y 字孔。

圆孔的奶嘴，适合刚刚出生的宝宝，奶能够自动流出，而且流量较少。

十字孔奶嘴，适合 3 个月以上的宝宝，能够根据宝宝的吸吮能力调节奶流量，流量较大。

Y 字孔奶嘴，也适合 3 个月以上的宝宝，流量比较稳定，但不像十字孔的奶嘴那么容易断裂。

但要注意，长期使用品质差的安抚奶嘴以及不当的吸食姿势，会造成乳牙移位及"奶瓶嘴"（"奶瓶嘴"是指因为长期不良吸吮习惯，导致上唇与下唇的张力松弛，形成上翘的嘴唇）。还可能会引起宝宝下颌骨突出，造成嘴形的改变，形成咬合不正等问题。

配方奶喂养问题

牛奶过敏

如果宝宝吃奶后出现一阵阵哭闹、呕吐、打喷嚏、腹泻、便中带血、严重腹胀、腹绞痛、半夜哭闹、烦躁不安及贫血等表现，在排除其他原因后，改喝豆奶或其他免敏奶粉，症状减轻或消失，之后可再次喝牛奶。如果症状再次出现，基本可以确定为牛奶过敏。牛奶过敏的宝宝，在 6 个月内要避免再吃奶粉或牛奶制品。

牛奶过敏的解决方案

①羊奶配方或大豆奶配方：牛奶过敏的宝宝最好喂母乳，不能母乳喂养的可以改吃羊奶配方或大豆奶配方。

②羊奶：可以解除大部分牛奶过敏症。牛奶中的 α-S1 酪蛋白和 β-乳球蛋白是过敏原。前者在牛奶中占总蛋白的 43%，而在羊奶中只占 1% ~ 3%；羊奶中 β-乳球蛋白的含量比牛奶低，且较牛奶更容易被消化吸收。但是，因为羊奶中缺乏叶酸、维生素 C，含铁质也较低，要注意预防营养性贫血。

对牛奶（配方奶）过敏的宝宝，在肠道成熟、肠壁发育完善之后，大约在半岁或 1 岁以后，可以再次喝牛奶。

③氨基酸配方奶：这是目前最安全，也是最有效的一类奶粉，也称为无敏配方。氨基酸是蛋白质的基本单位，不会引起任何过敏的可能。

④深度水解蛋白配方奶：就是把蛋白质水解成短肽链来降低蛋白质的致敏性，这类奶粉可以缓解一些症状较轻的宝宝的过敏症状，但是对于一些症状较为复杂、严重的宝宝，或者对多种食物过敏的宝宝，对深度水解蛋白不耐受的比例和风险显著上升。

乳糖不耐受

乳类食品中的乳糖进入小肠后，由于宝宝乳糖酶含量不足或活性降低，乳糖不能被分解成葡萄糖和半乳糖被吸收，所以会消化不良。

当未分解吸收的乳糖进入结肠后，被肠道内存在的细菌发酵成为小分子的有机酸，如醋酸、丙酸、丁酸等，并产生一些气体，如甲烷、H_2 等，这些产物大部分可被结肠重新吸收。

而未被吸收或仍未被分解的乳糖可引起肠鸣、腹胀、腹痛、排气、腹泻等症状。严重的乳糖不耐受大多于摄入一定量乳糖后 30 分钟至数小时内发生。

乳糖不耐受，还可造成免疫力低下，引发反复感染。

乳糖不耐受解决方案

对于宝宝来说，秋季多发性腹泻、细菌性腹泻会引起肠胃功能暂时低下，乳糖酶分泌减少或活性降低，在这种情形下仍持续喂食奶粉，就会引起继发性的乳糖不耐受。解决方案有以下两种。

①暂时更换奶粉：换成不含乳糖的婴儿配方奶，在宝宝肠道症状恢复正常后，再逐渐替换为含乳糖的婴儿配方奶。

②观察其反应：宝宝的消化能力会有所不同，有的可以消化少量乳糖，有的却会对含有一丁点儿乳糖的奶粉产生不适反应。经过一段时间的尝试与观察，就能判断宝宝所能承受的乳糖量了。

怎么更换配方奶

配方奶是 0 ~ 3 个月人工喂养宝宝的唯一主食，家长更换配方奶时应当谨慎。由于不同婴儿的体质各异，所以家长擅自更换配方奶会造成婴儿消化不良、哭闹等症状，更严重者会造成宝宝便秘、腹泻、长皮疹，甚至拒绝食用配方奶。

在换配方奶的初期，必须两种配方奶混合吃，无论是由一种牌子换到另一种牌子，或是由一个阶段换到另一个阶段，即使牌子相同，这个过程也是必不可少的。这称作转奶。

具体步骤如下：先在原来的配方奶里添加 1/3 的新配方奶，两三天后没什么不适，再把两种配方奶各一半混起来吃两三天，逐渐减少之前一直食用的配方奶的量，直至过渡到完全用新的配方奶。

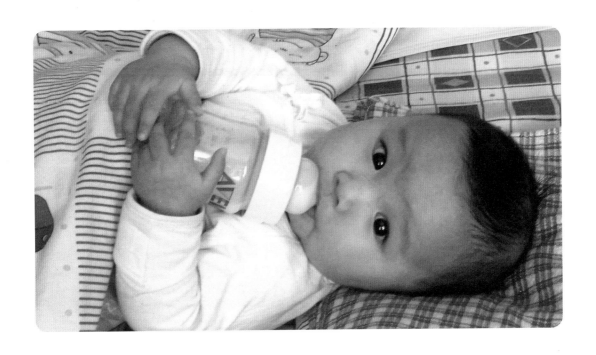

学会看懂宝宝的便便

母乳喂养宝宝的便便

母乳喂养的宝宝，便便一般都会软和稀一些，这是因为 1 岁以内的宝宝肠道蠕动快，便便中的水分被吸收得较少，这是正常的现象。便便的颜色有些是黄色，有些是绿色，也常夹杂着发白的混合物，还有少量黏液类的东西。有人认为稀糊状的便便就是便秘，或者绿色的便便就是消化不良。其实大多数是正常的，无须担心，也不必给宝宝吃任何药物。

人工喂养宝宝的便便

人工喂养的宝宝，大便通常呈浅黄色稠糊状或成形，所以宝宝需要适量喂水。如果闻到大便臭味很重，可能是蛋白质消化不好，如果大便中有奶瓣，是由未消化完全的脂肪与钙或镁化合而成的皂块。不同品牌的配方奶或同品牌不同配方的奶粉，因为成分的不同，也会影响宝宝便便的形状。

宝宝便秘

如果宝宝排便次数突然减少，3 ~ 4 天才有 1 次大便，而且粪便发硬，宝宝排便时非常费力，那就说明宝宝便秘了。

如果是母乳喂养，就需要改变妈妈的饮食结构，增加蔬菜、水果和水分的摄入。如果是喂配方奶，需要在正常的比例中多加 30 ~ 50 毫升的水，也可以在两次喂奶中间，给宝宝喂一点儿温开水。在宝宝有便意时，轻轻按顺时针方向按摩他的腹部，也有一定的效果。

切记，不要给宝宝喂蜂蜜水、葡萄糖或者泻药。

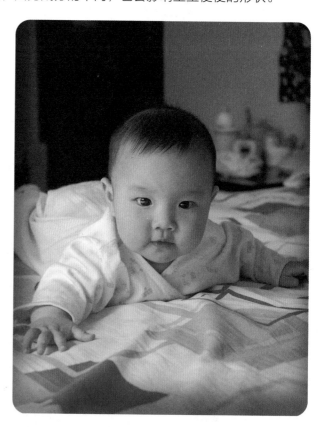

喂养不足或喂养过度

喂养不足的表现

　　判断宝宝是否喂养不足，最可靠的方法是测量体重。一般 4 个月以内的宝宝，每周体重增长如果低于 200 克，就要考虑可能是喂养不足。若出现喂养不足；针对用配方奶喂养的宝宝，可以尝试更换配方奶的品牌，或选择强化了某种营养成分的配方奶，也可增加配方奶的总量。

喂养过度的表现

　　如果宝宝在喂奶之后哭闹，而且频繁出现漾奶现象，那么可能属于喂养过度。妈妈也应关注宝宝的体重，如果体重增长过快，或腹胀或哭闹，那么基本上可以肯定是喂养过度所致。此时应减少喂奶量，并控制喂奶的次数。

宝宝体重的测量

宝宝体重增长公式

0 ~ 6 个月	婴儿体重 = 出生时体重（千克）+ 月龄 ×0.7（千克）
7 ~ 12 个月	婴儿体重 =6（千克）+ 月龄 ×0.25（千克）
2 ~ 12 岁	体重 = 年龄 ×2 + 8（千克）

　　用婴儿磅秤测量宝宝体重较为准确。测量前将测量器放平，指针校正到零，然后开始测量。

　　定期测量宝宝体重，记录在生长发育曲线表中，可以绘成宝宝体重增长曲线，与正常宝宝体重增长曲线相比较，便可了解宝宝的体重增长是否正常。

　　一般来说，3 个月时宝宝的体重为出生时的 2 倍，1 岁时的体重为出生时的 3 倍，2 岁时的体重为出生时的 4 倍。

补充维生素 D 滴剂

关于鱼肝油

鱼肝油是一种维生素类药物，主要含有维生素 A 和维生素 D。

维生素 D 直接参与体内钙、磷的代谢。新生儿体内的钙要想被充分吸收和利用，就必须有维生素 D 的参与。而母乳和代乳品中维生素 D 的含量比较低，所以新生儿无论是母乳喂养还是人工喂养，一般情况下，从出生后 15 天起，就应该开始补充鱼肝油，以预防宝宝佝偻病的发生。鱼肝油中的维生素 A，可促进视觉细胞内感光色素的形成，调适眼睛适应外界光线强弱的能力，以降低夜盲症和视力减退的发生，维持正常的视觉反应。

医生推荐婴儿服用的鱼肝油为伊可新，在一般的药店都能买到。

伊可新怎么补

伊可新属维生素类非处方药。用于预防和治疗维生素 A 及维生素 D 的缺乏症。

伊可新有两种，分别适合 1 岁以内和 1 岁以上的宝宝。服用伊可新开始是两天 1 粒，满月以后，随着宝宝的长大可以每天 1 粒。但是，如果能够保证宝宝有充足的日晒，就可以适当延长服用伊可新的间隔。妈妈要掌握好用量，每天摄入 400 国际单位的维生素 D 是安全的，基本不会造成维生素 D 中毒。由于过量服用鱼肝油会给宝宝的身体带来危害，因此最好在医生指导下科学服用。

超过 1 岁的宝宝，要换 1 岁以上宝宝服用的伊可新，一直补到 2 岁。如果宝宝在冬季满 2 岁，可适当延长些时间。

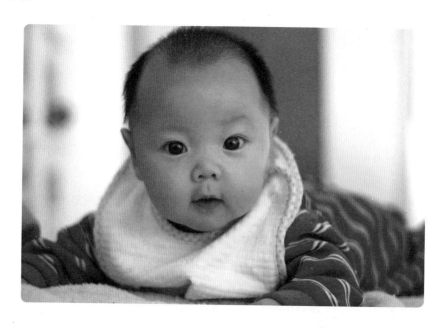

促进母乳分泌、提高母乳质量的食谱推荐

烧酒虾

（材料）当归7克，川芎5克，枸杞子15克，桂枝2克，草虾250克，姜20克。

（调料）米酒500毫升，橄榄油1汤匙，盐1/2茶匙。

（做法）

1. 草虾洗净，姜洗净切片。川芎、枸杞子、当归、桂枝放入纱布袋中扎紧口袋。

2. 锅内放橄榄油加热后，放入姜片炒成微黄，再加米酒与草虾、纱布袋，大火煮沸后转小火继续煮30分钟，加盐调味即可。

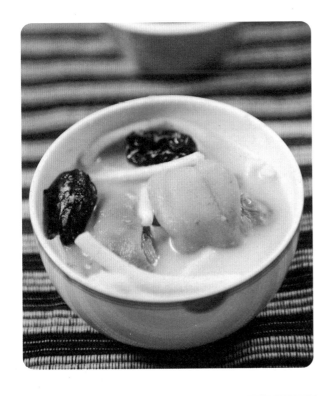

花生猪蹄汤

（材料）猪前蹄1只，花生200克，老姜4片，葱1棵，王不留行15克，通草25克，黄芪50克，当归7克，红枣、黑枣各3颗，炙甘草2片。

（调料）料酒3汤匙，八角1颗，盐1/2茶匙。

（做法）

1. 猪前蹄洗净，切块，用沸水氽烫，再用清水冲洗。

2. 将材料中的药材用纱布袋包裹成药材包。

3. 将猪前蹄、药材包、其他全部材料、料酒、八角放入锅中，加水炖煮90分钟，取出药材包，加盐调味即成。

猪蹄姜

材 料 生猪蹄 2 只，熟鸡蛋 3 个，姜 20 克。

调 料 甜醋 500 克，盐适量。

做 法

1. 姜洗净、去皮，晒干或入锅（不加油）炒干。

2. 将甜醋放在砂锅中，大火煮开后加入姜、盐，再煮开后即关火，放置一旁待凉。第二天取出再煮开，煮开即关火，放置一旁待凉。如此每天取出翻煮，反复几天，制成姜醋。

3. 食用前一两天，从大砂锅中取适量姜醋放在小砂锅中，煮开。

4. 猪蹄洗净，入锅（不加油）炒至水干，再放入小砂锅中煮熟。

5. 小砂锅中再加入去壳熟鸡蛋，煮开后即可关火，放置一天后即可食用。

红枣炖鸡

（材　料）鸡腿1只，红枣、黄芪、党参各25克，当归10克。

（调　料）醪糟适量。

（做　法）

1. 将鸡腿洗净，切块；红枣洗净，沥干。

2. 将所有材料和醪糟同时放入碗中，用保鲜膜封口，放到锅内蒸（锅内加入2碗水），蒸熟即可。

鲫鱼汤

（材　料）鲜鲫鱼1条，白菜或香菜、胡萝卜各适量。

（调　料）盐少许。

（做　法）

1. 鲫鱼处理干净，加水煮至汤成乳白色。

2. 放入适量白菜或香菜、胡萝卜，加盐少许，煮开即可。

小米鸡蛋红糖粥

（材 料）新鲜小米 100 克，鸡蛋 2 个。

（调 料）红糖适量。

（做 法）

1. 将小米清洗干净，在锅里加足量清水，烧开后加入小米，以中火熬煮。

2. 待煮开后改成小火熬煮，直至煮成烂粥。

3. 在烂粥里打散鸡蛋，搅匀，稍煮后放入红糖即可。

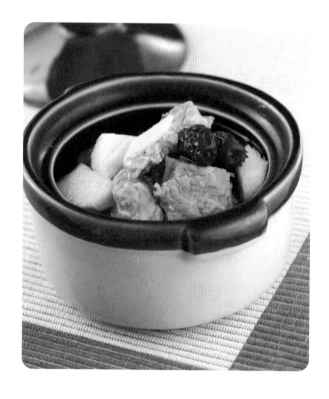

山药红枣炖排骨

（材 料）山药 250 克，红枣 6 颗，排骨 250 克，生姜 2 片。

（调 料）盐适量。

（做 法）

1. 山药去皮，洗净，切小块；排骨洗净，氽烫去血水，捞出。

2. 锅中加清水煮开后，加入排骨、山药块炖煮。

3. 快煮好时，放入红枣、姜片及盐，再稍微煮一下即可。

乌梅生姜红糖汤

（材 料）乌梅5颗，生姜5片。

（调 料）红糖10克。

（做 法）

将乌梅、生姜和红糖加清水放入锅内，以大火煮至沸腾后，转小火煮5分钟即可。

胡麻油娃娃菜

（材 料）娃娃菜250克，葱丝、姜丝适量。

（调 料）胡麻油、高汤、豉油汁、盐各适量。

（做 法）

1. 将每棵娃娃菜从根部向叶部纵切成6条（根部相连）。

2. 锅上火，加入高汤、清水和娃娃菜，并加盐调味。

3. 娃娃菜煮至断生，立即捞出装盘，撒上葱丝、姜丝，倒入豉油汁。

4. 另起锅倒入胡麻油烧至六成热，关火，将油浇在娃娃菜上即成。

小鸡炖蘑菇

材料 童子鸡 1 只，榛蘑 100 克，大葱 1 根，姜 1 小块，桂皮 1 片，香叶 5 片，八角 3 颗。

调料 料酒 1 汤匙，生抽 2 汤匙，老抽 2 汤匙，糖 1 茶匙。

做法

1. 榛蘑冲去表面的浮土，放入清水中浸泡 15 分钟；童子鸡收拾干净，剁成小块；大葱和姜切片。

2. 锅中倒入清水，大火煮开后，将鸡块放入汆烫 2 分钟，捞出后冲净，沥干。

3. 另起锅倒入油加热，待油七成热时放入鸡块煸炒几下，放入葱姜片，再放入八角、桂皮和香叶，翻炒出香味后烹入料酒，再继续翻炒。

4. 锅里调入生抽、老抽和糖，继续炒匀后倒入开水没过鸡块。将浸泡好的榛蘑捞出洗净后，放入锅中搅匀，最后盖上盖子，用中小火再炖煮 30 分钟即可。

当归枸杞面线

（材 料）面线 100 克，油豆腐皮 50 克，当归、枸杞子各 15 克。

（调 料）盐适量。

（做 法）

1. 油豆腐皮洗净，切丝。

2. 锅中加入水，放入油豆腐皮、当归、枸杞子煮至味道出来后再放入面线，继续煮 2 分钟。出锅前加盐调味即可。

首乌黄芪乌骨鸡汤

（材 料）乌骨鸡肉 300 克，制首乌 20 克，黄芪 15 克，红枣 5 颗。

（调 料）盐适量。

（做 法）

1. 制首乌、黄芪洗净，用纱布包好；红枣洗净，去核。

2. 将乌骨鸡肉洗净，去脂肪，切成小块，入沸水中汆烫，去血水，捞出冲洗干净，沥干。

3. 将纱布包和红枣、乌骨鸡肉一起放入砂锅中，加入适量水，大火煮沸后转小火煮 2 小时，去药包后，加盐调味即可。

海带鲫鱼汤

（材料）鲫鱼1条，海带100克，姜丝10克。

（调料）盐少许。

（做法）

1. 鲫鱼收拾干净；海带洗净，切丝。

2. 鲫鱼用少许油煎至两面微黄，放入锅中加适量水，放入海带丝和姜丝，大火煮10分钟至鱼熟，加盐调味即可。

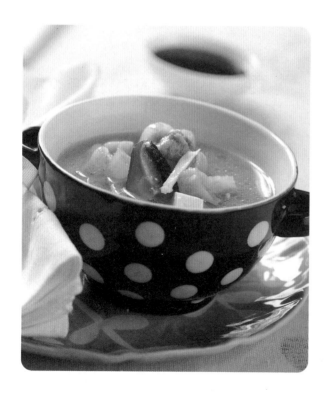

猪蹄炖丝瓜豆腐

（材料）猪蹄1只，丝瓜250克，香菇30克，豆腐100克，姜丝10克。

（调料）盐、料酒各适量。

（做法）

1. 猪蹄刮洗干净，切块；丝瓜洗净，去皮，切块；豆腐切小块；香菇发好，切小块。

2. 猪蹄汆烫去血水，冲洗干净后放入砂锅，加入适量水，放入姜丝、料酒，大火煮沸后，再用小火煮50分钟。

3. 猪蹄软烂后放入香菇块、豆腐块，煮10分钟，最后放入丝瓜块大火煮5分钟，加盐即可。

山药炖猪蹄

材料 山药 100 克，猪蹄 2 只，花生仁 30 克。

调料 盐少许。

做法

1. 将山药去皮，洗净，切块；猪蹄洗净，切块，入沸水中汆烫一下，捞出。

2. 将山药、猪蹄、花生仁放入砂锅中，加适量水，中火炖至猪蹄烂熟，加盐调味即成。

栗子炖鸡

材料 童子鸡 1 只，鲜栗子 200 克，猪肉、火腿各 50 克，鲜香菇 5 朵，姜片、葱段各 10 克。

调料 盐、黄酒各适量。

做法

1. 将童子鸡收拾干净，入沸水中汆烫 3 分钟后取出冲净；猪肉、火腿均切粒，放入沸水锅内汆烫约半分钟，捞出。

2. 将鲜栗子煮熟，去壳和衣膜；鲜香菇洗净，去蒂。

3. 取炖盅 1 个，按顺序放入火腿粒、香菇、童子鸡、猪肉粒、葱段、姜片、盐、黄酒和水，用中火炖约 90 分钟至软烂后取出，去掉姜片、葱段，撇去浮沫即成。

豆腐黑鱼汤

（材　料）黑鱼1条，豆腐 100 克，葱段、姜片各 10 克，葱花 1 茶匙。

（调　料）料酒 1 汤匙，米醋 1 茶匙，盐、白胡椒粉各少许。

（做　法）

1. 黑鱼收拾干净切块；豆腐切成小块，氽烫后捞出沥水。

2. 炒锅中，倒油烧热，放入姜片、葱段爆香，下入黑鱼块，煎至两面微黄，倒入料酒，加沸水和米醋，大火煮开，继续保持中火煮约 10 分钟。

3. 下入豆腐块，再煮约 10 分钟，最后去掉葱段、姜片，加盐和白胡椒粉调味，撒入葱花即可出锅。

枸杞山药牛肉汤

（材　料）牛腩 200 克，山药 50 克，胡萝卜 100 克，枸杞子 10 粒，红枣 6 颗，香叶 2 片，葱段、姜片、香菜末各适量。

（调　料）料酒 1 汤匙，盐、胡椒粉适量。

（做　法）

1. 牛腩切大块，氽烫后捞出，洗净；胡萝卜、山药去皮，洗净，切块；枸杞子洗净。

2. 砂锅中放牛腩块、姜片、葱段、香叶、红枣、料酒和水，中火烧开后，转小火煲 30 分钟。

3. 拣去葱段、姜片、香叶，放入山药块、胡萝卜块和枸杞子，中火煲 20 分钟。最后加入盐和胡椒粉调味，出锅前撒入香菜末即可。

黄芪红枣羊肉汤

材料 羊肉 250 克，红枣 10 颗，黄芪 10 克。

调料 盐适量。

做法

1. 羊肉洗净，切块；红枣洗净，去核；黄芪洗净。

2. 锅中加入适量水，放入羊肉汆烫后盛出。

3. 另取一锅，加入适量水，放入黄芪、红枣、羊肉块，大火煮沸后，再改小火煮 1 小时，加盐调味即可。

山药羊肉汤

材料 羊肉 300 克，山药 100 克，胡萝卜 100 克，枸杞子 10 克。

调料 盐适量。

做法

1. 羊肉切块；山药、胡萝卜去皮，洗净，切块；枸杞子用水泡软。

2. 把羊肉块放入水中，汆烫 2 ～ 3 分钟，捞出后冲洗干净，沥干。

3. 把羊肉块放入锅中，加水烧开后，转小火煮 30 分钟，放入山药块、枸杞子、胡萝卜块继续煮 20 分钟，出锅前，加盐调味即可。

365天

宝宝怎么吃每日一读

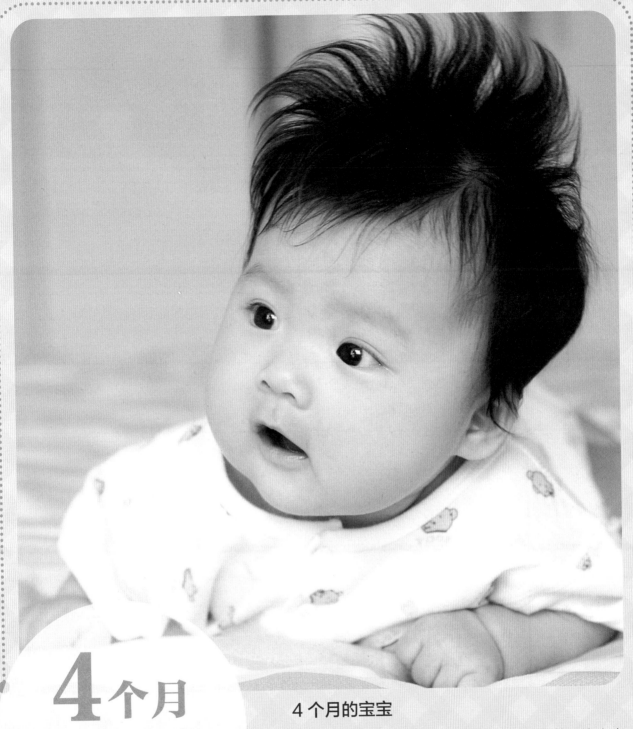

4个月

根据宝宝发育状况，
开始添加辅食

4个月的宝宝

　　这个时期的宝宝，头围和胸围大致相等，比出生时长高 10 厘米以上，体重为出生时的 2 倍左右。消化器官及消化功能逐渐完善，而且活动量增加，消耗的热量也增多。

4个月 宝宝喂养指导

4 个月宝宝的体内，铁、钙、叶酸和维生素等营养元素会相对缺乏，有些代乳品已经不能完全满足其生长需要，因此需要添加辅食了。此阶段，继续提倡纯母乳喂养，但对人工喂养具有辅食添加指征的宝宝，应当适当增加淀粉类食物和富含铁、钙的食物。这个阶段宝宝的主食仍应以母乳和配方奶为主，还需要积极给宝宝增加辅食，以保持营养的摄入量。

母乳喂养： 一般每天喂 6 次，两次喂奶之间的时间间隔保持在 2.5 ~ 3 个小时。夜间喂奶比白天间隔长一些，有意识地把间隔时间拉长，慢慢养成宝宝夜间不吃奶的习惯。

人工喂养： 配方奶量每天 1000 毫升左右，4 小时一次，但这个月的宝宝活动量大，消耗的热量多，可以从其他代乳品的糖分中来弥补。

添加辅食： 宝宝的肠胃适应能力已逐渐增强，神经系统及肌肉控制等发育已经较为成熟；舌头的排外反应消失，有正常的吞咽动作；唾液腺已发育良好，唾液分泌增加，唾液淀粉酶的活性增强，这时宝宝已经能很好地消化淀粉类食物。

无论是母乳喂养、混合喂养还是人工喂养的婴儿，都应添加必要的辅助食品。

如何添加辅食

宝宝的辅食以流食、半流食为宜，制作时应保持清洁与卫生。最开始加工得越细越小越好，随着宝宝不断地适应和身体发育，逐渐变粗变大。如果开始做得过粗，会使宝宝不易适应并产生抗拒心理。

辅助食品可由稀到稠，由少到多，由细到粗，由一种到多种，并根据婴儿的消化情况而定。

每添加一种辅食，第 1 天喂 1 勺或 2 勺，然后逐渐加量至半碗。需要 7 天的适应观察期，等到宝宝完全习惯之后，再添加下一种食物。添加辅食后，要注意观察宝宝的大便情况，如有异常要暂缓添加。当宝宝生病或天气炎热时，也应暂缓添加辅食。

宝宝在从喝奶转为吃辅食的过程中，不少父母都有宝宝不肯吃辅食的困扰，给妈妈几个建议。

①不要强迫宝宝。

②改变烹饪方式。

③为宝宝准备一套专属的儿童餐具，吸引宝宝的注意力。

第 91 天

辅食添加，莫操之过急

宝宝 4 个月了，很多妈妈准备给宝宝添加辅食了。添加之前，妈妈首先要知道的是，宝宝体内能够消化淀粉的淀粉酶要到宝宝 4 ~ 6 个月时才能成熟，过早添加不仅起不到补充营养的作用，而且还有可能增加婴儿肠道的负担。

宝宝接受辅食的信号

其实，当宝宝准备好接受辅食的时候，聪明的小家伙会给妈妈发出一些信号。如果妈妈发现宝宝有了下面的表现，就表明单纯的乳类食物已经不能满足宝宝生长发育的需求了，此时再开始添加也不晚。

①如果母乳喂养的宝宝每天需要喂 8 ~ 10 次，或配方奶喂养的宝宝每天总奶量达 1000 毫升，宝宝看上去仍显饥饿。

②足月儿体重达到出生时的 2 倍以上（或大约 6.8 千克）。低出生体重儿体重达到 6 千克时，给予足够乳量后体重增加仍然缓慢。

③宝宝头部已经有一定的控制能力，在外力的帮助下可以靠坐。

④开始对成年人的饭感兴趣，例如看到妈妈吃东西就有尝试的欲望，并喜欢将物品放到嘴里，出现咀嚼动作。

⑤用勺喂食物时，会主动张嘴，能用舌头将泥糊状食物往嘴巴里面送，并咽下去，不会被呛到。

除了观察宝宝是否可以开始接受辅食的信号外，妈妈也要对宝宝的身体状况进行评估，包括：宝宝的胃肠和肾脏对母乳或配方奶消化吸收的情况；宝宝是否有便秘或腹泻；是否有过敏反应；是否有明显的胃食道反流；神经是否成熟；吞咽能力是否健全以及排尿是否正常等。

辅食添加的注意事项

兴趣培养为主：要从宝宝易吸收、易接受的辅食开始添加，一种一种添加。

尊重宝宝口味：要尊重宝宝的个性，尊重宝宝口味的选择，不要强求。宝宝有权选择食物口味，即便宝宝不吃某种食物，也只是暂时的。

患病时停止添加：添加辅食要在宝宝身体健康、心情愉悦时进行，宝宝患病时，不要尝试新口味。

有不良反应时暂停：如果宝宝出现了腹泻、呕吐、厌食等情况，应暂停辅食添加，待宝宝消化功能恢复，再重新开始。

灵活掌握供需：辅食添加不要照搬书本，宝宝的实际需求和接受情况比其他人传授的经验更加重要。要根据自己宝宝的具体情况灵活掌握，及时调整辅食的数量和品种。

第92天

第一口辅食：婴儿配方米粉

宝宝在 4 ~ 6 个月时就可以尝试添加辅食，具体从什么时候开始，可以通过观察宝宝对大人吃饭是否感兴趣判断：如果爸爸妈妈吃饭时，宝宝专注地看着，且出现吞咽、流口水等现象，这个时候家长可以尝试开始给宝宝添加辅食。

婴儿配方米粉是最佳选择

宝宝首次添加辅食的最佳选择是营养均衡的婴儿配方米粉。

婴儿配方米粉，也称婴儿营养米粉，它并非单纯地将大米研磨成粉，而是和配方奶粉一样，是根据宝宝生长发育所需要的营养物质而特别调配的。因此可以说，婴儿配方米粉属于混合食物，在大米的基础上还添加了其他营养素，包括脂肪、蛋白质、维生素、纤维素、微量元素等，并特别强化了铁。有些品牌的营养米粉还添加了DHA、益生元或益生菌，能够同时满足宝宝对多种营养素的需求。

婴儿营养米粉不仅营养成分更加全面，降低了宝宝过敏的发生概率，还有容易消化吸收的优点，通常不会导致宝宝出现腹泻、便秘等肠胃不适的情况。并且，婴儿配方米粉在调配时也十分方便，很容易调成均匀、细腻的糊状，稀稠程度和喂食量也容易掌握。除此之外，米粉的味道很接近配方奶粉及母乳，容易被宝宝接受。因此，婴儿配方米粉便成为宝宝第一口辅食的最佳选择。

选择合适的添加时间

给宝宝添加辅食的初期应按 1 天 2 次的频率进行，每天上午、下午各一次，在喂奶前添加。此时宝宝处于饥饿状态，对辅食接受度较高，喂食辅食后给宝宝喂奶至宝宝吃饱。

米粥不能替代米粉

家庭自制米粥是一种不错的辅食，但不能代替婴儿米粉。尤其是添加辅食的早期，应选用婴儿米粉，不用米粥；后期也应以婴儿米粉为主，仅辅以少量米粥。这是因为婴儿米粉是一种营养丰富的配方食品，在大米的基础上，还可根据婴儿需要，添加铁、锌、钙、维生素 A、维生素D、维生素 C、B 族维生素等多种营养素，是这个年龄段发育所必需的。婴儿米粉的营养价值远远超过鸡蛋黄及蔬菜泥等营养相对单一的食物，更能满足宝宝的生长需求。

第 93 天

给宝宝添加辅食的好处

满足宝宝生长所需的营养素

母乳是宝宝最佳的天然食品。4 个月前的宝宝，单吃母乳或配方奶完全能满足他们的营养需求。然而，4 个月以后，宝宝对各种营养的需求大大增多，单纯的母乳或配方奶，难以满足宝宝生长发育所需的热量和营养素了，此时就必须通过添加各种辅食来补充获得。

锻炼咀嚼能力，为断奶做准备

辅食一般为半流质或固态食物，宝宝在吃的过程中能锻炼咀嚼、吞咽能力。宝宝的饮食逐渐从单一的奶类过渡到多样化的饮食，可为断奶做好准备。

有利于宝宝的语言发展

宝宝在咀嚼、吞咽辅食的同时，还能充分锻炼口周、舌部小肌肉。宝宝有足够的力量自如运用口周肌肉和舌头，对其今后准确地模仿发音、发展语言能力有重要意义。

帮助宝宝形成良好的生活习惯

4 个月后，宝宝正在逐渐形成饮食、睡眠等各种生活习惯，科学地添加辅食，有利于宝宝建立良好的生活习惯，使宝宝一生受益。

激发宝宝的智力

研究表明，利用宝宝眼、耳、鼻、舌、身的视、听、嗅、味、触等感觉，能给予宝宝多种刺激，丰富宝宝的体验。添加辅食，恰恰可以调动宝宝的多种感觉器官，达到启智的目的。

4 个月后宝宝食谱推荐

青菜泥

 材料 绿叶青菜适量。

做法

1. 绿叶菜洗净，去茎，只留菜叶。
2. 锅中加水煮沸，把菜叶放入沸水中煮软后取出，放在干净的钢丝筛上，将其捣烂，再用勺子压挤，滤出菜泥。

第94天

开始添加辅食时的注意事项

初次喂宝宝辅食要有耐心

第一次喂固体食物时，有些宝宝可能会将食物吐出来，这是因为他还不熟悉食物的味道，并不表示他不喜欢。当宝宝学习吃东西时，妈妈可能需要连续喂宝宝好几天，才能让宝宝习惯新口味。

到目前为止只会吸吮的宝宝，为了吸吮乳头，舌头只会前后运动，这时可以让他练习闭起嘴巴，咕噜一声吞咽。闭起双唇的动作，也关系到宝宝咀嚼能力的发展，意义重大。为了方便宝宝吞咽，喂食时可将食物放在舌头正中央再稍

微里面一点儿的位置。刚开始宝宝吞咽不顺，常会发生溢出或吐出的情形，只要用勺子接住流出的食物，再放入宝宝口中就行了。刚开始无法顺利吞咽是很自然的事，妈妈如果感到焦虑，宝宝也会跟着紧张，所以要放轻松，有耐心地慢慢喂。

给宝宝创造愉快的进食气氛

最好在宝宝心情舒畅的时候添加新食物，紧张的气氛会破坏宝宝的食欲及进食的兴趣。

4个月后
宝宝食谱
推荐

浓米汤

 材　料 粳米50克。

做　法

1. 粳米淘洗干净。

2. 锅中加约300毫升水，大火烧开后，放入洗净的粳米，大火煮沸后再转小火煮20～30分钟，制成烂粥。

3. 将粥上面浮着的一层米油盛入容器，凉至常温后喂给宝宝。

第 95 天

辅食添加的 4 大原则

原则 1：
辅食品种从单一到多样

一次只添加一种新食物，7 天后再添加另一种。万一宝宝有过敏反应，妈妈便可以知道是由哪种食物引起的。

原则 2：
辅食质地由稀到稠

开始时要给宝宝选择质地细腻的辅食，利于宝宝学会吞咽的动作。随着时间推移，逐渐增加辅食的黏稠度，从而适应宝宝胃肠道的发育。

原则 3：
辅食添加量由少到多

开始时，只喂宝宝进食少量的新食物，分量为 1 小汤匙左右。待宝宝习惯了新食物后，再慢慢增加分量。随着宝宝不断长大，需要的食物也会相对增多。

原则 4：
辅食制作由细到粗

开始添加辅食时，为了防止宝宝发生吞咽不顺或其他问题，应选择颗粒细腻的辅食。随着宝宝咀嚼能力的完善，逐渐增大辅食的颗粒。

4 个月后宝宝食谱推荐

胡萝卜苹果泥

材料 胡萝卜半根，苹果半个。

做法

1. 胡萝卜、苹果分别洗净，去皮，切片，隔水蒸 15 ~ 20 分钟。

2. 把蒸好的胡萝卜片和苹果片放在研磨碗中捣烂成泥即可。

第 96 天

添加辅食不宜过早或过晚

　　有些妈妈认识到辅食的重要性，便认为越早添加辅食越好，可防止宝宝营养缺失，于是宝宝刚刚两三个月就开始添加辅食。殊不知，过早添加辅食，会增加宝宝消化系统的负担。因为婴儿的消化器官很娇嫩，消化腺不发达，分泌功能差，许多消化酶未形成，不具备消化辅食的功能。消化不了的辅食会滞留在腹中，造成宝宝腹胀、便秘、厌食，也可能因为肠蠕动增加，使大便量和次数增加，从而导致腹泻。因此，4 个月以内的宝宝不宜添加辅食。

　　相反，过晚添加辅食，也不利于宝宝的生长发育。4 ～ 6 个月的宝宝对营养、能量的需求大大增加，光吃母乳或配方奶已不能满足生长发育的需要。而且，宝宝的消化器官逐渐健全，味觉器官也已发育，具备了添加辅食的条件。同时，4 个月后，是宝宝的咀嚼、吞咽功能以及味觉发育的关键时期，延迟添加辅食，会使宝宝的咀嚼功能发育迟缓或咀嚼功能低下。另外，此时宝宝从母体中获得的免疫力已基本消失殆尽，而自身的抵抗力正需要通过增加营养来产生，若不及时添加辅食，宝宝不仅生长发育会受到影响，还会因缺乏抵抗力而导致生病。

4 个月后宝宝食谱推荐

牛奶香蕉糊

材　料　牛奶 30 毫升，香蕉 20 克，玉米面 5 克。

做　法

　1. 香蕉去皮，捣碎；牛奶和玉米面一起倒入小锅内，搅匀成糊。

　2. 将小锅置于火上加热，牛奶玉米糊煮沸后改文火，不断搅拌，以防煳锅和外溢。

　3. 牛奶玉米糊煮熟后，放入捣碎的香蕉调匀即成。

第 97~98 天

早产宝宝添加辅食的时间

早产宝宝是指单胎不满 37 周、双胞胎或多胞胎不满 36 周时出生的宝宝。在考虑给早产儿添加辅食时，同样需要观察宝宝的反应，添加辅食的时机一定要与宝宝的接受度相契合。

添加辅食的时机

月龄、喂养方式、出牙情况等都不能作为添加辅食的信号。当宝宝对大人吃饭产生关注，例如眼神直视大人吃饭及饭桌、饭菜，出现吞咽动作、流口水等情况；同时宝宝每天摄入的奶量没有减少，但近期出现体重增长缓慢的情况；且宝宝的肠胃及肾脏情况良好，对母乳或配方奶的消化能力很强，无便秘、腹泻症状，排尿、排便均规律时，便可考虑添加辅食。

第一口辅食以婴儿配方米粉为最佳选择，添加时要遵循由稀到稠、由少到多的规律，连续、独立地吃 3 天，其间不添加任何新食物，观察宝宝有没有过敏、腹泻、便秘等不适情况发生后可以继续添加。

不要过早添加辅食

过早添加辅食对宝宝有百害而无一利。对于宝宝来说，母乳中的营养是任何辅食都无法替代的，所以 6 个月以内的早产宝宝，提倡母乳喂养，人工喂养的宝宝可以稍早些添加辅食。

在评价早产宝宝的生长发育情况及养育过程中，需要给早产宝宝矫正月龄，但接种疫苗时除外。矫正月龄的公式如下：

矫正后的月龄＝出生后实际月龄－［（40 周－出生时孕周）］/4。

例如，孕 32 周出生的宝宝在出生后 6 个月时，相当于矫正后月龄为 4 个月。

过早添加辅食会引起宝宝营养素的缺乏。因为宝宝太小，对辅食的消化吸收能力较弱，如果进食大量米糊、蛋黄等辅食，就会减少宝宝的吸乳量，导致宝宝无法从母乳中摄取必要的营养，容易缺铁，引起缺铁性贫血。

第 99 天

添加辅食时可能遇到的问题

妈妈在给宝宝添加辅食初期，要遵循"少量、简单"的原则，由少到多、由稀到稠、由单一到复杂、一样一样逐步添加。当宝宝出现不适时，妈妈可以及时判断是哪种食物造成了宝宝出现问题，以便及时排除状况，避免宝宝的症状加重。

发红、皮疹、湿疹

当食物粘到宝宝口周皮肤时，可能出现发红、皮疹等情况，严重时全身皮肤都会有反应，这很可能是宝宝对某种食物过敏所致。一旦发生，妈妈要立即停止给宝宝食用这种食物，并避免 6 个月内再次接触。

在给宝宝喂果泥时也可能引起口周皮肤发红，这可能是因为果酸刺激所致，仅接触到的皮肤会有反应，需要跟过敏区分开。果酸刺激时口腔黏膜及咽部不会红肿，与过敏不同。

排便间隔变长或便秘

给宝宝添加辅食后，出现排便间隔变长、排便次数减少、每次排便量增多的情况是正常的，与食物的添加有关。但出现间隔时间过长、排便费力、便秘等情况时，可以暂停辅食几天。长期、严重腹泻可导致宝宝乳糖不耐受，妈妈应带宝宝就医。

这个月龄的宝宝处于辅食添加初期，处于食物尝试阶段，这时宝宝出现或怀疑由辅食导致的不适问题都应该引起妈妈注意，稳妥起见可以暂停添加。

口味的变化

有一个让爸爸妈妈感到不解的现象是：前一段时间宝宝还很喜欢吃的食物，最近突然开始抵触起来，这是因为宝宝的味觉发育是呈阶梯状的。也就是说妈妈除了要考虑宝宝辅食的种类以外，还应注意食物味道的变化。所以，当过了一段时间发现宝宝原木喜欢吃的食物变得不喜欢吃了，也许不是因为食物种类引起的，可能与食物的味道有关，这就需要爸爸妈妈用心去发现，及时调整。

第100天

宝宝吃多少，食欲说了算

现在很多妈妈喜欢记录宝宝的食量，添加辅食后，更有些妈妈冲米粉时会用精确到克。这样细致的做法初衷是可以理解的，但如此精确的记录难免会让妈妈过分关注宝宝的进食情况——如果宝宝将妈妈准备的辅食都吃光了，妈妈会十分开心；相反，宝宝没有吃完或吃了几口就不吃了，妈妈便会感到沮丧，同时会担心宝宝营养不够，给自己增加心理压力。进食对于宝宝来说也变成了一种任务，而非享受，反而会影响食欲。

其实，宝宝每次的进食量并不十分重要。这时的宝宝在吃辅食时大多并不是为了果腹和摄入更多的营养，而是积累吃饭的经验和培养进食规律。跟大人一样，宝宝的进食量也不会每天、每顿都一样，这顿吃得多些，下顿就难免吃得少些；今天吃得多，明天可能吃得少，这都是十分正常的，并不能以此判定宝宝就是生病或肠胃不好，宝宝吃饭更多的是顺应自己的喜好和食欲，妈妈无须过分在意。

叶酸：宝宝智力的助长剂

宝宝的大动作、精细动作在不断增强，语言发育和感情交流得到了大大提升，这表明智力发育正常。智力的发育离不开叶酸的帮助，因为叶酸有促进大脑发育的作用，同时对神经系统也有修复作用。哺乳期妈妈对叶酸的日需求量为500微克，1～6个月的宝宝日需求量为25微克。所以，哺乳妈妈应多补充叶酸。

凡是含维生素 C 的食物，如新鲜蔬菜和水果都含叶酸，如莴笋、菠菜、番茄、柠檬、葡萄、猕猴桃、梨等。谷物中大麦、米糠、小麦胚芽、糙米等都含有丰富的叶酸。

4个月后宝宝食谱推荐

南瓜泥

材料 南瓜 20 克，米汤 20 毫升。

做法

1. 南瓜，去皮、去瓤，蒸熟后捣碎成泥。

2. 将蒸熟的南瓜泥和适量的米汤一起放入锅中，用文火煮，边搅边煮，10分钟即可。

第 101 天

添加辅食的正确方法

奶水充足时不必勉强

添加辅食困难的婴儿并不少见，有的宝宝除了母乳什么也不吃。原因可能是因为妈妈奶水充足，宝宝根本吃不进其他食物。遇到这种情况，只需要适当给宝宝添加少量含铁丰富的辅食就可以了，不必强求宝宝吃太多。

每个宝宝都不同

妈妈总希望宝宝多吃点儿，免不了会和别人家的宝宝比较。如果自己的宝宝没别的宝宝吃得多，就担心会不会因为吃得少而落后于其他宝宝。其实，这样的比较没有意义。宝宝之间存在个体差异，有的食量大，有的食量小，只要各项发育指标都正常就不必太在意。

不能贸然断奶

有的宝宝对辅食一点儿兴趣都没有，妈妈担心宝宝会因此营养不良，于是采取不给宝宝吃母乳或干脆断奶的方法，强迫宝宝吃辅食。这样做，对宝宝的身心发展都是很不利的。宝宝接受辅食只是时间问题，妈妈不要因宝宝一时拒绝吃辅食而过于烦恼。即使由于某种原因添加辅食推迟了，宝宝也不见得就会营养不良。

做好宝宝的口腔护理

宝宝出牙后，妈妈就需要帮宝宝护理口腔了。需要明确的是，只要出牙了就有患蛀牙的风险，所以妈妈一定不要放松对宝宝口腔的护理。对于出牙较早的宝宝来说，4 ~ 5 个月时乳牙便已经露头，这时候就需要护理了。

每次宝宝吃完奶或辅食之后，妈妈可以给宝宝喂几口温开水清洁口腔。因为宝宝不能像大人一样漱口，喂几口温开水可以起到清洁口腔的作用，帮助宝宝去掉嘴里残留的食物，降低患蛀牙的风险。

每天晚上，妈妈可以在自己的手指上缠上湿的软布或纱布，轻轻擦拭宝宝的牙齿及牙龈，等宝宝再大一些时，可以选择质地较软的硅胶指套作为清洁牙齿的工具。

这时宝宝的小牙可能刚刚露出一个小尖儿，且宝宝正在遭受出牙期不适的困扰，所以妈妈的动作一定要轻。宝宝刚开始可能比较抗拒，身体扭动、四肢挣扎、咬妈妈的手指。妈妈要保持耐心，不要强迫，也不要责备，否则宝宝可能会产生抵触心理，更强烈地反抗。坚持一段时间后，宝宝自然就习惯了。

第 102~103 天
及时给宝宝补充铁质

铁质是制造血红蛋白的材料，婴儿如果缺铁，可能会引发缺铁性贫血。婴儿在胎儿期从母体中摄取较多的铁质，出生后一段时间内因体内储存着铁质，无须添加含铁食物，但 5～6 个月的婴儿，体内储存的铁质逐渐用完，因此 4 个月时，应提前开始补充铁质。

富含铁质的动物性食品有蛋黄、鸡肝、猪肝、鱼、瘦肉等；富含铁质的植物性食品有绿叶蔬菜等。蛋黄容易被消化和吸收，是婴儿理想的补铁食物。最好在宝宝 4 个月时开始添加蛋黄。刚开始喂食 1/4 个蛋黄，大多数宝宝会因此腹泻。如果宝宝腹泻了，就停喂一周，同时还要随时跟进观察宝宝的大便情况，大便正常以后继续添加，逐渐增加喂食量。一般一两个月以后就能够每天吃一个蛋黄了。

4 个月后
宝宝食谱
推荐

蛋黄粥

材　料　粳米 50 克，鸡蛋 1 个。

做　法

1. 粳米淘洗干净；鸡蛋煮熟，取半个熟蛋黄，用勺子碾碎。

2. 锅中放入适量水煮沸，放入粳米，大火烧开，再转小火煮 30 分钟，煮成软烂的粥后盛出。

3. 粥中撒入蛋黄碎即可。

米汤蛋黄浆

材　料　米汤 100 毫升，鸡蛋 1 个。

做　法

1. 蛋煮熟，取半个熟蛋黄，用勺子碾碎。

2. 煮粥后留出适量米汤，把蛋黄碎放入米汤中，搅拌均匀即可。

第 104~105 天

不要过早添加果汁

这个阶段，很多妈妈开始纠结在给宝宝吃奶以外是否应该多加点儿什么，很多妈妈尝试给孩子喝鲜榨果汁。其实，果汁不是不可以喝，而是不建议喝。

妈妈给宝宝添加果汁的目的无非是想给宝宝补充水分和维生素 C。但是，我们都知道，水分不是只有果汁中才有，不管是母乳还是配方奶都可以给宝宝提供足够的水分，维生素 C 也可以从乳汁或是配方奶中获得。因此，从这个角度来看，给宝宝添加果汁的确没有必要。

此外，宝宝的消化功能在这个时间并没有建立完善，不能预知宝宝在喝了果汁后胃肠会出现什么样的反应。并且，纯鲜榨果汁的浓度和渗透压与母乳和配方奶粉不同，这样不利于宝宝的水分调节。

过早饮用果汁，宝宝可能会过早适应有味道的食物，而不愿意吃味道比较淡的其他食物了。1 岁内，最好选择味道不太甜、不太酸的水果，以免干扰奶的摄入。

4个月后宝宝食谱推荐

胡萝卜蜜枣水

材料 胡萝卜半根，红枣 2 颗。

做法

1. 胡萝卜洗净，去皮，切片；红枣洗净，去核，切片。

2. 锅中加适量水，大火烧开，放入胡萝卜片、红枣片，加盖继续煮。

3. 再次煮沸后转小火慢炖 30 分钟，用滤网去渣即可。

如何判断辅食添加的效果

　　添加辅食的目的既是为了补充宝宝不能从母乳或配方奶中获得的营养物质，满足生长发育的需求，也是为了培养宝宝"吃饭"的意识，使宝宝的饮食习惯与饮食结构与其生活的家庭环境越来越贴近，这个过程大约需要 2 年的时间。

　　宝宝的身高、体重、头围等生长发育指标是看得见的，也是衡量宝宝发育情况的最直接标准。但是，如何看待这些指标背后的意义，需要妈妈正确解读。妈妈应该以生长曲线的方式连续观察宝宝的生长发育情况，而不是以某一时刻的数值、每顿饭吃了多少、每天拉了几次大便、别的宝宝吃多少等因素来机械地评判宝宝的成长状况。

　　每一个宝宝都是独特的，都有自己生长发育的特点。辅食不光是让宝宝"吃饱"，也是要让宝宝"吃好"。没有所谓的宝宝通用食谱，妈妈要按照自己宝宝的特点和喜好来安排宝宝的辅食。辅食的喂养方式要根据观察宝宝生长曲线的结果做出适度调整。生长曲线正常，就说明辅食喂养方式是合适的；反之，生长曲线出现异常时，妈妈就要反思辅食喂养是否得当，并做出调整。

**4 个月后
宝宝食谱
推荐**

鲜玉米糊

材料 鲜玉米半根。

做法

　　1. 鲜玉米剥皮，去须，洗净，用刀将玉米粒切下来，置于榨汁机中，加水榨成玉米糊，用滤网将玉米糊过滤取汁。

　　2. 将玉米汁倒入锅中，中火煮开，转小火煮 10 分钟左右至黏稠状即可。

第 107 天

辅食应少糖、无盐

给 1 周岁以内的宝宝制作辅食应少糖、无盐，不加调味品。

"少糖"即在给宝宝制作食物时尽量不加糖，保持食物原有的口味，让宝宝品尝到各种食物的天然味道，同时少选糖果、糕点等含糖量高的食物作为辅食。如果宝宝从添加辅食开始就较少吃到过甜的食物，就会自然而然地适应少糖饮食。

"无盐"即 1 岁以内宝宝的饮食中最好不加盐。因为 1 岁以内的婴儿肾脏功能还不完善，浓缩、稀释功能较差，不能排出体内过量的钠盐。如果摄入过多盐，将增加肾脏的负担，不利于宝宝健康。

婴儿味觉比成年人迟钝，对味道要求不高，因此辅食中（特别是肉泥、鱼泥等食物）不加盐，宝宝也很容易接受。妈妈不要用自己的味觉决定婴儿食物的味道。如果让 1 岁以内的宝宝养成了吃盐的习惯，就很难再给无盐食物。这个习惯不仅关系到宝宝的健康，对成年后的饮食习惯影响也很大。

4个月后
宝宝食谱
推荐

土豆苹果糊

材料 土豆半个，苹果半个。

做法

1. 土豆，洗净，去皮，蒸熟后捣成土豆泥；苹果洗净，去皮，在研磨碗里磨成苹果泥。
2. 将苹果泥、土豆泥置于容器中，搅拌均匀即可。

第 **108** 天

本月添加食材种类不要超过 4 种

第一次给宝宝添加某种辅食时要注意循序渐进。

该辅食 1～2 勺（每勺 3～5 毫升），每天添加一次即可，宝宝消化吸收得好再逐渐加到 2～3 勺。观察 7 天，没有过敏反应，如呕吐、腹泻、皮疹等，再添加第二种。

按照这样的速度，在本月也就能添加 4 种食材。这个进度对于初尝味道的宝宝来说已经足够，妈妈无须着急，现阶段还是要以奶为主。

如果宝宝有过敏反应或消化吸收不好，应该立即停止添加该食物，等一周以后再试着添加。如果同样的问题再次出现了，应考虑孩子对此食物不耐受，需至少停止 6 个月，以免造成严重影响。

妈妈还要注意根据宝宝大便的次数和性状，了解食物消化和吸收程度。

4 个月后宝宝食谱推荐

白菜叶汁

材　料 白菜适量。

做　法

1. 白菜浸泡、洗净，放入开水中汆烫 2～3 分钟后捞出，切碎。

2. 锅中换新水，大火烧开后，加入白菜碎，转小火煮 5 分钟，将汤汁过滤后放凉喂食。

第 109 天

每天添加辅食的时间与地点要固定

刚开始时，最好在上午喂宝宝断奶食品。要在喂母乳或配方奶的间隔喂辅食，以便让宝宝逐渐适应吃辅食。每天在相同时间喂断奶食品，可以使宝宝的进食有一定的规律。

还要确定喂辅食的地点，并养成在固定地点吃饭的习惯。如果妈妈每天随意改变喂食的地点，比如昨天在卧室，今天在客厅，就无法使宝宝建立吃饭的概念。

通过饭前擦手、饭后擦嘴等方式，让宝宝逐渐感受到进餐的开始和结束。妈妈可以根据具体情况或宝宝情绪的变化来培养宝宝的生活习惯。

在辅食量的把握上，不要让辅食抢了奶的主要地位，宝宝还是应以吃奶为主。辅食即使吃少了也不要强迫宝宝继续吃，更不要训斥宝宝。制作辅食时，米粉是主食，每顿辅食中米粉的量要占到一半，才能保证宝宝摄入足够的能量。

4个月后宝宝食谱推荐

核桃汁

材料 核桃仁 200 克，牛奶（或清水）200 毫升。

做法

1. 核桃仁在 40℃ 左右的温水中浸泡 5 ~ 6 分钟，去掉表皮。
2. 把核桃仁放入榨汁机中榨成汁液，用滤网过滤。
3. 将核桃汁倒入锅中，加牛奶（或清水）烧沸即熄火，待核桃汁常温后喂食。

第 110 天

避开容易引起过敏的食物

宝宝过敏时的症状

0~6个月月龄的宝宝食物过敏患病率最高，临床上以胃肠道症状为主要表现，包括持续性肠绞痛、呕吐、腹泻和便血等。过敏性休克是最严重的食物过敏反应，可危及生命。6个月月龄以上的宝宝除了胃肠道症状外，主要还表现为皮肤损害，如湿疹、多形性日光疹等。

临床上90%以上的过敏反应由8类高致敏性食物引起。这些食物包括：蛋类、鱼类、贝类、奶类、花生、大豆、坚果和小麦，辅食添加应尽量避开这些食物。

食物过敏的原因

遗传是引起食物过敏的主要原因。此外，不当喂养也会增加过敏的可能性。纯母乳喂养4个月以上和混合喂养6个月以上的婴儿患哮喘、过敏性皮炎和过敏性鼻炎的危险性显著降低。母乳喂养保护婴儿免受多种过敏性疾病的困扰，这种保护作用可持续到2岁以上。4个月内添加辅食的婴幼儿，发生食物过敏的风险是晚加辅食者的1.35倍。

寻找营养替代品

宝宝出现食物过敏现象，应通过食物排查来确定过敏食物。妈妈首先要注意观察宝宝对待食物的态度，以便尽早发现过敏。对于一见食物就躲，或进食初期正常，很快就拒绝这种食物的现象，排除其对这种食物味道、性状不接受的情况，最先应考虑的就是对食物过敏或不耐受的问题。

如果宝宝对某种食物过敏，就要在6个月内避开这种食物，因为这会影响到宝宝的生长发育。

容易引起宝宝过敏的食物

蛋白质类	淀粉类	蔬菜类	水果类
鱼、虾、贝类、鸡、鸭、蛋白、牛奶、豆制品等	面粉和种子类食物，各种坚果、蚕豆、花生等	番茄、芹菜、土豆、莴笋、蘑菇等	菠萝、桃、柿子、杧果等

第 111~112 天

宝宝缺铁的判断标准

婴幼儿贫血大多是因缺铁所致。静脉抽血化验所得的血色素水平是判断贫血的主要依据，微量元素测得的血液中铁含量是辅助手段。而从手指取血所得末梢血的血色素及铁元素含量结果并不准确，这是因为取血过程中不能保证组织液的混入，可能导致取得的血液偏稀，出现贫血的假象。这时补铁会造成宝宝体内铁含量过多，也不利于宝宝健康，因此只可作为筛查手段，如果需要采取治疗，一定要复查静脉血。

需要明确的是，"贫血"不能简单地与"缺铁"画上等号。缺铁能够导致贫血，但贫血不一定都是因为缺铁。判断宝宝是否缺铁、是否需要补充铁剂，应由专业的医生检查确认。建议妈妈不要擅自给宝宝补充铁剂，更不可未经检查而凭感觉用药。宝宝摄入过多铁剂会干扰其他微量元素吸收，不利于健康。

确实需要补铁时，可首先选择食补。对于已添加辅食的宝宝，建议食用强化铁的婴儿配方米粉；待宝宝大一些可添加红肉和青菜，也有助于补铁。如果宝宝缺铁的情况比较严重，可以在医生指导下，口服补铁液，只有在严重缺铁时才需要注射铁剂或补血针剂。妈妈不要仅仅是希望预防贫血、预防缺钙就给宝宝额外补充铁剂、钙剂等营养品。

4个月后宝宝食谱推荐

枣泥

材 料 大枣 3 ~ 6 颗。

做 法

1. 大枣洗净，煮熟后去皮、去核，放入碗里。

2. 用研磨器将枣肉碾成泥状即可。

第 113 天

添加辅食后，大便会有变化

开始添加辅食以后，宝宝大便的颜色和性状就会有变化。

最开始是连着 2～3 天拉稀，而且大便要比只吃母乳或奶粉时臭，放屁也有臭味。这是正常现象，表示宝宝正在逐渐适应新食物。一般来讲，在适应几天以后，宝宝大便形状就会恢复正常，大便次数也会有所减少。

如果进食辅食几天以后，大便仍然很频繁，甚至是腹泻，就应该暂停喂食或放慢添加的进程。

如果大便有异常，要带宝宝去医院检查。比如大便里带有黏液、血液，或长期腹泻、便秘等，就要接受医生的检查和诊治。去医院时可带上一点儿宝宝的大便，以方便查验。

4 个月后宝宝食谱推荐

土豆泥

（**材　料**）土豆半个。

（**做　法**）

1. 土豆洗净，去皮，切片，隔水蒸 20 分钟。

2. 将蒸熟的土豆片盛入碗内，用研磨器压成泥即可。

蛋黄豆糊

（**材　料**）大米 20 克，荷兰豆 20 克，熟蛋黄 1 个。

（**做　法**）

1. 大米洗净，加水浸泡 2 小时；荷兰豆去掉豆荚，放进搅拌机中打成糊；熟蛋黄压成泥。

2. 将大米、豆糊一起煲约 1 小时，煲成半糊状后放入蛋黄泥，再焖约 5 分钟即可。

第 114 天

宝宝便秘了，需要调整辅食成分

宝宝便秘是指宝宝有大便干结、排便费力的情况，便秘与肠道功能状况有关。

肠道内的细菌帮助败解食物中的纤维素，产生短链脂肪酸，同时产生很多水分，从而使大便变软。肠道中的细菌数量减少时，就会影响到败解食物的效果，而日常生活中用到的消毒剂，就不利于肠道菌群的建立和维护。

纤维素摄入不足，也会导致便秘。添加辅食以后，如果食物加工过细、过精，虽然有利于营养的吸收，但会使纤维素摄入不足，食物残渣少，导致便秘。因此，妈妈在制作辅食时，食物的加工要适当。此外，注意青菜的供给，也有利于肠道健康，预防便秘。

4个月后宝宝食谱推荐

奶味蔬菜泥

材　料 绿色蔬菜（油菜、菠菜、小白菜等均可）50 克，牛奶 50 毫升，玉米粉 50 克。

做　法

1. 绿色蔬菜嫩叶部分煮熟或蒸熟后，磨碎、过滤，留取蔬菜泥；玉米粉用等量水调好。

2. 取 10 ~ 20 克蔬菜泥与少许水至锅中，边搅边煮至水开。

3. 锅中再加入牛奶、玉米粉水，继续加热搅拌，煮熟成泥状即可。

果蔬汁添加方法

果蔬汁的添加时间

　　喂果汁和菜汁的时间可以选在两次喂奶之间，散步、洗澡后或口渴时，因为这时的宝宝比较活跃和清醒。吃奶后 1 小时，胃中的奶量已基本排空，属于半饥饿状态，较容易接受奶之外的食物。

果蔬汁的喂食量

　　开始时每日喂 1 次，每次 5 ~ 10 毫升，可以用小勺舀一点点送入宝宝口中，让他自己慢慢咂摸品味。

　　一个月以后，可逐渐增加到每日 2 次或 3 次，每次的量可增至 15 毫升或 20 毫升，最多不应超过 30 毫升。也可以放少量温开水用奶瓶来喂食。

喂果蔬汁时的注意事项

　　果汁不宜掺入奶中同饮，因为果汁属弱酸性饮料，在胃内能使乳汁中的蛋白质凝固成块，不易吸收，造成婴儿营养不足。

　　所有果蔬汁均需将杂质过滤后，才可给宝宝饮用。纯果蔬汁中要加等量的温开水，稀释 1 倍。

　　喂奶的间隔时间不应因此而增加，要保证奶的摄入量。

　　如每次喂完果蔬汁后有剩余，必须丢弃。

4个月后
宝宝食谱
推荐

樱桃汁

材　料 樱桃 300 克。

做　法

　　1. 樱桃洗净，去核、去蒂，切碎。

　　2. 将切碎的樱桃放入果汁机中加入 100 毫升温开水，打成汁后过滤即可。

第 116~117 天

开始对宝宝进行进餐教养

训练进餐礼仪

在每次喂宝宝前，要先给宝宝洗净双手和脸，接着用愉快的声音说："我们开始吃饭啦！"然后，就在这种快乐的气氛下喂食。

进餐完毕，要向宝宝示范说："吃饱了！"同时也要为宝宝清洗双手和脸。

像这样的餐前和餐后礼仪，不论宝宝是否会做，家长都要从这个时期起反复地在宝宝面前示范，以便使宝宝养成习惯。

用小勺喂宝宝

宝宝今后要吃的食物基本上都是半固体或固体食物，所以应该开始让宝宝练习用小勺吃东西了。妈妈最好在每次喂奶前，先试着用小勺给宝宝喂些好吃的食物，或在大人吃饭时顺便用小勺给宝宝喂些汤水。慢慢地，宝宝就会对小勺里的食物感兴趣，并接受用小勺吃东西了。这能为以后宝宝独立吃饭打下基础。

4个月后宝宝食谱推荐

牛奶粥

材料 粳米 50 克，奶粉 50 克。

做法

1. 粳米淘洗干净，入清水浸泡 1 小时。

2. 泡好的粳米倒入锅中，加适量水，大火烧开，小火熬煮 30 分钟左右，关火。

3. 粥中加入奶粉，搅拌均匀即可。

第118~119天

不要勉强宝宝进食

可以把宝宝进食的时间安排在大人吃饭时或饭后。大人的进餐过程可以增加宝宝的食欲，有了大人进食做铺垫，再给宝宝喂饭就会容易很多。

为了让宝宝对陌生的食物不产生恐惧感而顺利接受，最好在宝宝身心状况都比较好时喂食。也许有的宝宝从一开始就很容易接受，但相反的情况也很多。虽然宝宝吐出来以后可以接住再喂回去，但是如果试了两三次还是这样的话，就不要勉强，先暂停一下再试。再试时，如果宝宝仍然一脸不愿意地拒绝，就先不要喂了，暂停一两天再试也不迟。因为如果强迫宝宝进食的话，反而会使宝宝对辅食产生排斥感，而且有些食物会变成宝宝特别讨厌的。所以，为了饮食均衡而强制性添加辅食的话，会适得其反。出现这种情况时，应及时用其他类似的食物来补充营养。

4个月后
宝宝食谱
推荐

胡萝卜水果泥

（材　料）胡萝卜半根，猕猴桃半个，熟蛋黄半个。

（做　法）

1. 胡萝卜洗净，去皮，煮熟，置于研磨器内捣成泥状；猕猴桃洗净，去皮，用研磨器研成泥；熟蛋黄研成泥。

2. 将胡萝卜泥、猕猴桃泥、蛋黄泥混在一起搅拌均匀即可。

第120天

成品辅食要选信誉好的品牌

成品婴幼儿米粉，一般均应符合主食强化的原则，除米粉经工业化处理更适合宝宝食用之外，一些必需的维生素和矿物质也应得到适量的补充。

现在有很多专为宝宝制作的菜泥、果泥、肉泥等婴儿辅食，妈妈一方面会觉得它们既方便又有营养；另一方面又怕其中会添加防腐剂，不如自己做的天然、健康。

大多数成品食物是在无菌的环境下制作的，基本上不含有人工色素和防腐剂。如果妈妈确实没有时间，也可以选择成品的婴儿辅食，要注意选择信誉好的知名品牌产品。宝宝天生的味觉有差异，不是所有的宝宝都喜欢这种食物，而且它毕竟只是一种过渡食品，妈妈还是应该重点培养宝宝对各种天然食物的喜好，自己做的辅食还有利于宝宝味觉、触觉等感觉系统的发育。

4个月后宝宝食谱推荐

胡萝卜莲藕羹

材料 莲藕 100 克，胡萝卜 100 克，冬菇 2 朵。

做法

1. 莲藕洗净，切段，拍松，置于榨汁机内，加温开水榨成浆；胡萝卜洗净，去皮，切段，榨成浆；冬菇入水浸泡 1 小时，切碎。

2. 莲藕浆、胡萝卜浆、冬菇碎置于煲内，加适量水大火煮开，小火慢煲半小时即可。

香蕉红枣玉米糊

材料 香蕉1根，红枣2颗，玉米50克，糯米30克。

调料 冰糖适量。

做法

1. 香蕉去皮，切片；红枣洗净，去核；玉米、糯米分别洗净。

2. 锅中煮沸适量水，放入玉米和糯米，大火煮沸，再用小火熬煮至黏稠。

3. 锅中加入香蕉片、红枣和冰糖，再煮15分钟即可。

365天

宝宝怎么吃每日一读

5个月

软软滑滑的
流质辅食

5 个月的宝宝

　　虽然月龄上仅仅长了 1 个月，但是宝宝各方面的发育比上个月更明显了。宝宝开始逐渐对辅食产生兴趣，尤其喜欢吃水果，偏爱味道重的食物，但妈妈要尽量提供清淡的食物。

5 个月 宝宝喂养指导

宝宝长到 5 个月以后，开始对乳汁以外的食物感兴趣了，即使 5 个月以前完全采用母乳喂养的宝宝，到了这个时候也会开始想吃母乳以外的食物了。

5 个月大的宝宝，一般每 4 个小时喂奶一次，每天吃 4 ~ 6 餐，其中包括一次辅食。每次喂食的时间应控制在 20 分钟以内，在两次喂奶的中间，要适量添加水分和果汁。这个月辅食的品种可以更加丰富，以便让宝宝适应各种辅食的味道。

这个阶段，宝宝的主食仍应以母乳和配方奶为主，最好尽可能坚持母乳喂养。如果妈妈要工作，可每 3 个小时挤一次奶，以促进母乳分泌，并且要将挤出的奶冷藏，留给宝宝第二天吃。

夜间，视宝宝需要进行喂哺，一般一次即可。如果宝宝夜间不醒或不愿进食，可以不喂哺。

很多妈妈在宝宝刚进入断奶餐阶段，往往不知道该喂宝宝吃什么食物，其实只要选择宝宝习惯的食物就可以，如过滤的果汁、蔬菜汤或米粥等。

在宝宝情绪好的日子里，可以开始给宝宝喂断奶食物。刚开始时建议给宝宝喂些谷类，特别是以喂粥为宜，因为这样不会对宝宝肠胃造成负担，而且粥也是婴儿比较容易习惯的味道。

有计划地增加辅食种类

这个月可继续有计划地增加辅食的种类，以保持营养的摄入量。无论给宝宝吃什么，都要有规律地进食，这样，可使神经系统、内分泌系统、消化系统等协调工作，并建立起对进食时间的条件反射。如在接近喂奶的时间，胃肠道就开始预先分泌消化液，并产生饥饿感，这样有助于增加食欲，从而促进食物的消化与吸收。

这个阶段除了继续观察宝宝皮肤和粪便情况之外，也要慎重选择水果。不要给宝宝口感太强烈的品种，如榴梿、荔枝、杧果等。给予果汁的时间最好是在白天，以便于宝宝出现过敏反应或不适症状时，父母能有足够的时间寻求医生帮助。

这个月的婴儿可以吃少量的健脑食品（如鱼泥），可将其添加在浓米汤或稀糊里。钙和鱼肝油仍要补充，并多晒太阳，防止佝偻病。

第 121~122 天

不选反季节水果

　　人必须顺应自然，根据不同季节选用时令果蔬，才能有益健康。现代社会，人们生活水平提高了，有时会产生一些不合养生规律的想法，喜欢用一些反季节的昂贵果蔬喂宝宝，往往认为这才是爱宝宝的做法。曾有媒体报道，3 岁女孩"性早熟"事件，这个结果与经常性食用反季节食物有很大的关系。

　　每个季节可选用最好吃、最便宜、最新鲜的水果，做成时令水果汁喂给宝宝喝。春天可用橘子、苹果、草莓；夏天可用番茄、西瓜和桃；秋天可用葡萄、梨；冬天可用苹果、橘子和柠檬。

　　果汁的摄入不宜太频繁，妈妈无须为此特别操心劳累。

宝宝食谱推荐

草莓汁

（**材 料**）草莓适量。

（**做 法**）

1. 草莓洗净，用研磨器研碎。

2. 将研碎的草莓倒入过滤漏勺，用勺子挤出草莓汁液，盛入小碗，即可喂食。

香蕉苹果泥

（**材 料**）苹果、香蕉各适量。

（**做 法**）

1. 将苹果洗净、去皮，用勺子刮成泥，置于小碗里；香蕉去皮，置于小碗里，用勺背碾压成泥。

2. 将苹果泥与香蕉泥搅拌均匀即可。

第 123~124 天
循序渐进地处理食材

为了增加婴儿对食物的接受度，除婴儿营养米粉之外，母亲在怀孕与哺乳期喜欢吃的食物，就应该成为婴儿最早接触的食物。

宝宝的饮食要与牙齿及肠胃的发育状况相适应。在快速发育的婴儿期，辅食制作会有很大的变化。为了配合宝宝各阶段的成长，同样的食材必须有不同的处理方法。

半岁左右，食物分阶段处理方法

	4个月后：汁的阶段	5~7个月：泥的阶段
苹果	洗净切块，放入榨汁机中榨汁，喂食过滤后的汁	用勺刮成泥状喂食
胡萝卜	切片放在碗里，加水蒸熟，喂食碗内的水	蒸熟，用勺刮成泥或用磨泥器捣成泥喂食
鱼肉	暂不能添加	蒸熟，去刺，用勺碾成泥，加入粥里喂食
豆腐	暂不能添加	煮熟，磨碎，加入粥里喂食
西蓝花	洗净切块，放入榨汁机中榨汁，喂食过滤后的汁	掰成小朵，煮熟捞出，磨碎，加入粥里喂食
猪肉	暂不能添加	煮熟，剁碎，加入粥里喂食

第125天

加辅食，不减奶

　　宝宝的肠胃适应辅食需要过程，这时候尽管能够吃下去不少东西，但肠胃并不一定能消化吸收。比如刚开始吃淀粉类辅食时，肠道要经过刺激才能使肠道消化淀粉酶有活性。所以，开始添加辅食的第一个月内，宝宝进食的淀粉几乎是为诱发酶的活性，其所带来的营养物质可以忽略不计。

　　因此，母乳仍然是宝宝主要的营养来源。更重要的是，母乳里面含有宝宝需要的免疫物质，能够帮助宝宝的肠胃更顺利地接受辅食，减少过敏反应。

　　妈妈要记住，添加辅食之初，辅食量一定要少，切记不要减少从前的奶量。每次只加一种食物，等肠胃适应了以后，才能增加另一种食物。

　　养成先吃辅食再喝奶的习惯，可以让宝宝在空腹的情况下愿意吞咽与咀嚼，否则宝宝一旦先喝奶喝饱了，就不会再吃其他食物。可将食物用杯、碗盛装，以小勺喂食，让宝宝逐渐习惯大人的饮食方式，并将食物放在舌头中间，让还不太会吞咽的宝宝较容易吞下。米粉、麦粉需调成糊状置于碗中喂食，不要直接加入奶中用奶瓶冲泡。

宝宝食谱推荐

草莓奶露

　　材 料 草莓 10 个，配方奶（或母乳）150 毫升。

　　做 法

　　1. 草莓洗净，去蒂，切小块，置于碗里。

　　2. 将草莓块与配方奶（或母乳）放入榨汁机中，榨汁后喂食。

小贴士：
草莓含有果糖、蔗糖、氨基酸、钙、铁等矿物质及多种维生素，还含有果胶和丰富的膳食纤维，对宝宝的健康成长极有好处。

米粉选购要点

妈妈在选择婴幼儿营养米粉时要注意看清包装上标示的食品类别，也可以将营养素含量进行比较，以挑选适合宝宝食用的品种。

要留意内容物是否为独立包装，因为独立包装不仅容易计量宝宝每次用量，而且更加卫生。

看清产品包装上的适用月龄，要选择与宝宝月龄相适应的品种。

要选择品牌产品，质量有保证，不要以为贵的就是最好的，不要受广告误导。

对于有特殊要求的宝宝，如对乳糖过敏或对牛奶蛋白过敏的，妈妈在选购时，还应特别留意配料表中是否含有奶粉。

喂食辅食的最佳时间

一大早起床后或者睡前喂辅食都不合适，最好选在宝宝精力充沛的时间段。比如上午 10 ~ 11 点。一旦定下喂食时间，就要尽量按时执行，不要轻易改变。如果宝宝的喂奶时间比较随意，没有定时，就要先将喂奶时间调整得有规律，再配合喂食辅食的时间。

宝宝食谱推荐

藕粉牛奶羹

材料 藕粉 50 克，配方奶 150 毫升。

做法

1. 将藕粉倒入锅内，加适量水，中火熬煮 10 ~ 20 分钟，边煮边搅拌。

2. 藕粉变为透明后转小火，加入配方奶，搅匀关火即可。

小贴士：

藕粉和薯粉都含有丰富的营养，营养素极为均衡，非常适合 4 个月以上的宝宝食用。注意牛奶熬煮时间不宜太久，以免营养素流失。

第 127~128 天

宝宝不接受辅食怎么办

　　有相当一部分宝宝会出现辅食添加困难的情况，这些宝宝除了母乳什么也不吃。是对辅食不感兴趣，还是不喜欢使用餐具？可能什么也不是，只因妈妈奶水充足，宝宝根本吃不进去其他食物。遇到这样的情况，要适当给宝宝添加含铁丰富的辅食，而不必添加更多的辅食了。宝宝不愿吃辅食，就只能暂时不加了，也许到了下个月，宝宝就会很愉快地接受辅食了。也有的宝宝面对妈妈时，只想吃奶，因此拒绝吃辅食。可以让妈妈之外的其他家人给宝宝喂辅食。

　　一直不吃辅食，断不了母乳，这种情况不存在。吃辅食只是时间问题，妈妈不要因添加辅食困难而烦恼，总有一天宝宝会很高兴地吃辅食的。面对宝宝很饿却不愿吃辅食的情况，可能是对食物不耐受，妈妈可以试着换成其他食材。

宝宝食谱推荐

蔬菜泥

（材　料）土豆半个，胡萝卜半根，番茄半个。

（做　法）

　　1. 土豆、胡萝卜分别洗净，去皮，切成小块，隔水蒸 20～30 分钟至软烂；番茄用开水烫去皮。

　　2. 将煮熟的土豆块与胡萝卜块置于小碗里，加入去皮番茄，用勺子将这 3 种蔬菜碾压成泥，搅拌均匀即成。

胡萝卜水

（材　料）胡萝卜 1 根。

（做　法）

　　1. 胡萝卜洗净，去皮，取其中心部位，切片。

　　2. 将胡萝卜片放在碗里，加半碗水，隔水蒸 10 分钟后将碗内黄色的水倒入杯中即可喂食。

第 129 天

厌奶与过早接触带味辅食有关

当宝宝接触了味道很好的辅食（如果汁、菜汁、大人饭菜等）以后，就会对味道平淡的配方奶甚至母乳失去兴趣。其实一开始妈妈并不需要把辅食的味道弄得"特别好"。

对于已经开始厌奶的宝宝，首先要确定他喜欢哪种食物的味道，再利用这种食材让宝宝恢复对奶的喜好。比如在配方奶中加少许果汁，母乳喂养的宝宝可在妈妈的奶头上涂点儿果汁，再逐渐减少，直至完全去掉。这个阶段的宝宝，对外部环境的兴趣在逐渐增加，这也会使他难以集中精神吃奶。在进食时，要将环境中的干扰因素去掉，帮助宝宝专心吃饭。

宝宝食谱推荐

冬瓜糊

材 料 冬瓜 100 克。

做 法

1. 冬瓜去皮、去瓤，切小块，倒入锅里。

2. 锅中再加入猪骨高汤，大火烧开，转小火煮 30 分钟左右，至冬瓜软烂即可。

家常蛋羹

材 料 生蛋黄 1 个。

做 法

1. 生蛋黄置于小碗里，打散，加入 1 汤匙凉开水，搅拌均匀。

2. 将小碗放入蒸锅里，小火蒸 25 分钟即可。

小贴士：

注意要先打好蛋黄液，再加凉开水搅拌均匀。上火蒸制蛋羹时要用小火，这样做出的蛋羹才能又滑又嫩。

第 130 天

忌给宝宝喂食冷蛋黄

　　部分婴儿进食冷蛋黄后会发生湿疹等过敏反应，这是因为蛋白中含有一种叫卵类黏蛋白的物质进入了蛋黄，这种物质会让宝宝出现过敏。当鸡蛋处于新鲜状态，蛋黄膜未被破坏之前，该物质被阻挡在蛋黄外；当鸡蛋散黄或煮熟后，蛋黄膜已被破坏，卵类黏蛋白即可从蛋白迅速向蛋黄中扩散。所以，要避免婴儿吃冷蛋黄引起过敏。最有效的方法就是在鸡蛋煮熟后立即把蛋黄与蛋白分开，不要等凉了以后再取食，也不可用冷水泡凉。

　　婴儿也要忌食未煮熟的鸡蛋。科学研究显示，未煮熟的鸡蛋也很容易受到沙门氏菌的感染。因此，水煮鸡蛋的时间需要 7 分钟以上。

宝宝食谱推荐

南瓜浓汤

（**材　料**）南瓜 100 克，高汤 100 毫升，配方奶 100 毫升。

（**做　法**）

1. 南瓜去皮、去瓤，切丁，倒入榨汁机中，加高汤打成浆。

2. 把南瓜浆倒入小锅，加入配方奶，大火煮开，转小火熬煮 10 分钟即可。

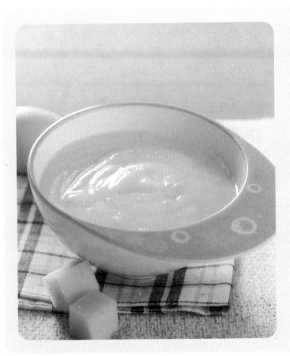

蛋黄土豆泥

（**材　料**）鸡蛋 1 个，土豆半个，母乳（或配方奶）100 毫升。

（**做　法**）

1. 鸡蛋煮熟，取蛋黄，置于小碗内捣成泥；土豆洗净，去皮，切片，放入蒸锅隔水蒸熟后，置于碗内捣成泥。

2. 将蛋黄泥与土豆泥混合，加入母乳（或配方奶），搅拌均匀即可。

小贴士：

蛋黄可补铁、益智；土豆含有丰富的最接近动物蛋白的蛋白质，还含有丰富的矿物质。

第 131~132 天

把握好喂水时间

婴儿喝水有很多讲究。宝宝不会说话，无法表达他是否需要水。为了宝宝的健康，妈妈需要多观察，以便判断是否该给宝宝加水了。

需要喂水的情况

口唇发干或无尿时需要喝水。宝宝口渴了会用舌头舔嘴唇，妈妈要细心观察，看到宝宝口唇发干或应换尿布时没有尿等现象，都提示宝宝需要喝水了。

另外，两次喂奶之间，户外活动、洗澡、睡醒后都需要喝水。什么时候应该给宝宝补水，很多情况下应该是妈妈的直观感觉。还要视当下的具体情况灵活把握：

遇到天气多风、气候干燥的情形，补充水分是十分必要的。

在宝宝发热、腹泻、失水过多时，需要减少食物摄入而多补充水分，从而依靠水的作用降低体温，顺利排泄有害物质，缩短病程，快速恢复健康。

暑热时，除了需让宝宝多喝白开水外，还应喝一些有清热功能的果汁，不仅有助于补充水分，还能起到散热、调节体温的作用。

宝宝感冒时，要让宝宝多喝水，充足的水分能稀释鼻腔内的分泌物，可让宝宝多摄入一些含维生素 C 丰富的水果和果汁。

不需要喂水的情况

饭前不喝：饭前给宝宝喝水会稀释胃液，不利于食物消化，而且宝宝喝得肚子胀鼓鼓的会影响食欲。正确的方法是在饭前半小时，让宝宝喝少量水，以增加口腔内唾液分泌，帮助消化。

睡前不喝：宝宝在睡前喝水多了，夜间容易尿床。

宝宝食谱推荐

苹果汁

 材料 苹果半个。

做法

1. 苹果洗净，去皮、去核，切小块。
2. 将苹果块放入果汁机打成汁，或以研磨器磨成泥后挤压出汁。

小贴士：
为避免果肉变色，苹果汁一定要现做现喝。

第 133~134 天

豆腐——植物蛋白仓库

豆腐是含蛋白质比较高的植物性食物，它含有 8 种人体必需的氨基酸，是宝宝身体发育不可缺少的营养物质。

豆腐还含有动物性食物缺乏的不饱和脂肪酸、卵磷脂等，不会因摄入过多脂肪而导致发胖。

豆腐比动物性食物更具有补养和健脑优势。丰富的大豆磷脂有益于宝宝神经、血管、大脑的生长发育，所含的豆固醇还能抑制胆固醇的摄入。

豆腐中含有较多的铁、钙和镁盐，有较高的营养价值，尤其对宝宝骨骼与牙齿的生长有特殊意义。常吃豆腐可以保护肝脏，促进机体代谢，增加免疫力，并有解毒作用。豆腐含钙质也很丰富，豆腐和鱼搭配，是给宝宝补钙、增加免疫力的好办法。单独食用豆腐，蛋白质利用率较低，若把豆腐搭配鱼、海带、鸡蛋、排骨等，就可以提高豆腐中蛋白质的利用率。

料理小妙招

豆腐细嫩又有营养，是制作宝宝辅食的理想食物。给宝宝制作辅食时，要注意方法，首先将豆腐冲洗干净，放入沸水锅中加热煮沸后取出，再用清水冲洗，放入碗中用勺子压碎，加入搭配的菜泥或汤汁喂给宝宝吃。

需要注意的是，豆腐是高蛋白质的食物，很容易腐坏，买来后应立刻浸泡水中，并放入冰箱冷藏，烹调时再取出。盒装豆腐较易保存，但仍需放入冰箱冷藏，以确保在保存期内不会腐坏。

此外，豆腐虽好，也不宜天天吃，一次食用也不要过量。中医认为，豆腐性偏寒，脾胃不好的宝宝也不宜多食。

宝宝食谱推荐

虾仁豆腐羹

材料 虾仁 50 克，豆腐 50 克，生蛋黄 1 个。

做法

1. 虾仁洗净、豆腐切丁，分别汆烫一下；蛋黄打散。

2. 将虾仁、豆腐丁块放入锅中，加适量水煮沸，小火煮 10 分钟后淋入蛋黄液，再次大火煮沸即可。

豆腐芹菜粥

材　料 豆腐 30 克，芹菜 50 克，粳米 30 克。

做　法

1. 豆腐切丁，汆烫捞出；芹菜去根、叶，洗净，打成泥；粳米淘洗干净。

2. 锅中加入适量水煮沸，放入粳米，大火煮沸，转小火煮至米烂。

3. 锅中放入豆腐丁和芹菜泥，继续煮 5 分钟即可。

第 135~136 天
训练宝宝使用餐具

　　辅食除了为宝宝提供成长所需的营养，还有其他两项重要功能。一是训练宝宝的咀嚼能力，二是训练宝宝使用餐具。这两种练习的过程，除了营养的补给，也能让宝宝的身心状态与用餐技巧顺利接近幼儿水平。

　　在宝宝探索食物滋味、学习使用餐具的过程中，要循序渐进，慢慢培养，耐心教导。爸爸妈妈不能操之过急，不要给宝宝压力，以免降低宝宝对用餐的兴趣与学习的欲望。

　　在练习咀嚼时，可先从柔软的糊泥状辅食开始，如米糊、蔬菜泥、水果泥，配合宝宝的牙龈发育与长牙情况，再逐渐切成小块或细条，让宝宝自己拿着啃。

　　如果宝宝因为不喜欢使用勺子而哭闹，可先暂停几天。如果宝宝一直无法学会吞咽食物，妈妈就要改进辅食的制作方法。

宝宝食谱推荐

南瓜吐司粥

材料 切片吐司 1 片，南瓜 50 克，粳米 30 克。

做法

1. 切片吐司撕成小块；南瓜去皮、去瓤，切块，蒸熟后用研磨器磨成泥状；粳米洗净。

2. 锅中加入适量水煮沸，放入粳米，大火煮沸，转小火煮至米烂。

3. 粥盛入碗中，放入撕成小块的切片吐司，再放入南瓜泥，搅拌均匀即可。

第 137~138 天

自制磨牙棒

乳牙萌出后，宝宝的咀嚼能力进一步增强。此时适当增加食物硬度，让其多咀嚼，有利于牙齿、颌骨的正常发育。专家认为，良好的咀嚼功能，是预防畸形牙最自然的方法之一。自制磨牙棒不仅有助于锻炼宝宝牙齿的咀嚼能力，同时也可以使手指的抓握及手眼协调能力得到锻炼。

自制多样磨牙棒

蔬菜：把胡萝卜、红薯等削成宝宝手指粗细的条状，蒸熟后递给宝宝啃咬。在蒸制的过程中，要把握好硬度，最好煮成外软内硬的程度，既让宝宝可以吃到又不至于被"消灭"得太快。黄瓜去皮后切成条状也可以。

水果：苹果、梨等可以切成条状；香蕉要买那种小手指蕉，方便宝宝手拿。

点心：把吐司面包切成手指宽的条，直接让宝宝抓着吃。

宝宝食谱推荐

磨牙面包条

材料 新鲜面包片 2 片，鸡蛋 1 个。

做法

1. 鸡蛋洗净，取鸡蛋黄打散，搅成蛋黄液。将新鲜面包片切成细条状。

2. 面包条上裹上蛋黄液，放入烤箱内，烤 5 分钟即可。

第 139~140 天

磨牙棒制作注意事项

选择合适的材料

一般来说，妈妈的选材可能会受到习惯思维的制约，妈妈要从习惯思维中跳出来，只要对宝宝身体有益且适合手握的食材都可以拿来尝试。

软硬适中

食物要有一定的硬度，要便于手拿和抓。由于宝宝没有或只有很少几颗牙齿，因此食物还需要软度适中，易消化，能用牙龈磨碎和吞咽。随着宝宝的成长，食物可逐渐加硬。

经过处理

不能生吃的，要蒸熟了再切条给宝宝吃。南瓜、红薯蒸熟以后使劲儿握着会变成泥状，妈妈要注意烹调时掌握好度。

宝宝食谱推荐

双色蔬菜棒

（材　料）胡萝卜半根，黄瓜半根。

（做　法）

1. 胡萝卜洗净，切成成年人手指粗细的条，放入沸水中煮 5 分钟后捞出，放入凉水中浸泡 3 分钟，捞出沥水；黄瓜洗净，切成同样大小的长条。

2. 将胡萝卜条与黄瓜条一同放入盘中即可。

第 141~142 天
辅食的性状要符合宝宝的发育

早期添加辅食时，必须是汁状或糊状，以适应宝宝的胃肠道。但随着月龄的增长，应该逐渐过渡到较软的固体（如煮蔬菜）、硬固体食物（如水果、饼干等），这样有助于锻炼宝宝咀嚼能力、胃肠消化能力等。倘若一味坚持软、烂、糊、汁，会使宝宝咀嚼、消化能力发育落后，迟迟不能接受固体食物，影响营养素摄取。

妈妈应有意地训练宝宝的咀嚼动作，可在宝宝进食米粉等泥糊状食物时，妈妈嘴里也同时咀嚼口香糖之类的食物，并同时做出夸张的咀嚼动作。这种表演式诱导，能激发宝宝的模仿欲望。在乳牙萌出前，不能提供含有小块状的食物。一则会使食物消化不完全，影响营养物质的吸收；二则很容易发生呛噎的危险。

不宜给宝宝吃的食物

不宜吃颗粒状食品，如花生米、爆米花、大豆等，避免宝宝吸入气管，造成危险。

不宜吃带骨的肉、带刺的鱼，以防骨和刺卡住宝宝的嗓子。

不宜吃不易消化吸收的食物，如竹笋、生萝卜等。

不宜吃太油腻的食物。

不宜吃辛辣刺激的食物，如辣椒、咖啡、浓茶等。

宝宝食谱推荐

山药枣泥

材 料 山药 150 克，大枣 5 颗。

做 法

1. 山药去皮，洗净，切段；大枣洗净，去核。

2. 将山药与大枣放入蒸锅，隔水蒸 15 分钟，蒸熟的山药段用勺子压成泥，蒸熟的大枣去皮后压成泥。

3. 将山药泥与枣泥置于同一小碗里，拌匀即成。

第 143~144 天

合适的进餐用具

勺子

妈妈此时应为宝宝准备 2 个勺子。1 个是软头的婴儿专用勺子，供宝宝自己进食时或玩耍时用，无须担心宝宝会伤到自己；1 个是不锈钢长柄口浅的勺子，供妈妈喂食时用。这两款勺子都需选用浅色、易清洗、方便消毒的。

碗

宝宝进食的前几个月，在他的大脑里，没有"碗是用来盛饭的"这种概念。碗就是玩具，他对待玩具的态度就是咬、扔。为避免食物洒得到处都是，要选用底部带有吸盘的碗，进食时固定在餐椅上。在形态上要选择底平、帮浅、略大且漂亮的碗。

宝宝食谱推荐

菜花泥

材料 菜花 100 克。

做法

1. 菜花洗净，掰成小块，放入沸水中煮 3 分钟。

2. 将菜花块捞出放入小碗中，用研磨器研碎，加温开水调匀即成。

小贴士：

红小豆是人们生活中不可缺少的高营养、多功能的杂粮。它富含淀粉，因此又被人们称为"饭豆"；含有较多的皂角苷，可刺激肠道，有良好的利尿作用；含有较多的膳食纤维，具有良好的润肠通便作用。

红小豆泥

材料 红小豆 50 克。

做法

1. 红小豆洗净，用温水浸泡 5 ~ 6 个小时。

2. 将泡好的红小豆倒入锅中，加适量水大火煮开，转小火焖煮 1 个小时。

3. 将煮熟的红小豆盛出，去皮，置于研磨碗中磨成泥即可。

第 145~146 天

水果不能代替蔬菜

在添加辅食的过程中，有的父母看见宝宝不喜欢吃蔬菜而喜欢吃水果，于是就用水果代替蔬菜喂食婴儿，这是极不恰当的。

水果不能代替蔬菜，虽然水果中的维生素含量不少，足以能代替蔬菜，然而水果中钙、铁、钾等矿物质的含量却很少。此外，蔬菜中富含纤维素，纤维素可以刺激肠蠕动，防止便秘，减少肠道对人体内毒素的吸收。再有，蔬菜和水果含的糖分存在明显的区别，蔬菜所含的糖分以多糖为主，进入人体内不会使人体血糖骤增，而水果所含的糖类多数是单糖或双糖，短时间内大量吃水果，对宝宝的健康不利。过多的水果会导致宝宝膳食不平衡，有的宝宝多吃水果，还会腹泻或容易发胖。

宝宝食谱推荐

胡萝卜土豆米汤

材料 大米 30 克，胡萝卜、土豆各 50 克。

做法

1. 大米淘净，用水泡半小时；胡萝卜和土豆分别洗净，去皮，切成小块。

2. 将大米、胡萝卜块和土豆块倒入锅中，加适量的水大火煮沸，再用小火煮至米、胡萝卜块和土豆块熟烂后关火。

3. 将煮好的材料过滤一遍，即可喂食。

蛋花豆腐羹

材料 生蛋黄 1 个，南豆腐 50 克，骨汤 1 小碗。

做法

1. 蛋黄打散；南豆腐置于小碗中，用勺子碾压成豆腐泥。

2. 骨汤倒入锅中，大火煮开，加入豆腐泥，转成小火熬煮 10 分钟左右。

3. 将蛋黄液搅散，洒入锅中，继续煮 1 分钟即可。

第 147~148 天

辅食营养充足，无须补钙

对于以母乳（配方奶）喂养为主、辅食喂养为辅的婴儿来说，由于母乳、配方奶、米粉及婴儿其他辅食中所含的钙已能满足婴幼儿生长发育，一般不需考虑补钙的问题。

妈妈更应该关注宝宝对于维生素 D 的摄入问题。现阶段，所谓的缺钙实际上指的是佝偻病，是维生素 D 缺乏性佝偻病。维生素 D 在人体内不是直接提供营养，但它可促进骨骼对钙质的吸收。所以，想要宝宝更好地吸收食物中的钙，就一定不要忽略摄取维生素 D。

可以通过以下两种渠道摄取到维生素 D：

户外晒太阳：人皮肤中的 7- 脱氢胆固醇经阳光中的紫外线照射后，能生成维生素 D_3。宝宝需要经常到户外晒太阳，这样可以促进体内维生素 D 的合成。

喂食鱼肝油：目前使用最普遍的维生素 D 制剂就是浓缩鱼肝油。维生素 D 与钙一起吃时，要注意按每天规定的量来补充，不可过量，否则会引起中毒。

宝宝食谱推荐

青豆土豆泥

材　料 青豆 50 克，土豆半个，高汤 100 毫升。

做　法

1. 青豆煮熟，剥去皮，压成泥状；土豆洗净，去皮，切片，置于蒸锅中蒸熟，取出压成泥状。

2. 将青豆泥与土豆泥混合，淋入高汤，搅拌均匀即成。

第 149~150 天
辅食温度忌过热过冷

　　给宝宝准备的辅食温度究竟应该控制在多少度较适宜？通常，宝宝食物的温度最好是在 40℃ 以下，接近人体的体温，这样既不会给宝宝造成因为太烫难以入口的感觉，也不会因为食物的冰冷对肠胃造成刺激。但是，虽然存在这样一个理想的数值，妈妈却没有必要真的用食物温度计去测量，只要通过感觉去检测，不过冷或过热就好。

　　许多妈妈担心，如果给宝宝吃了温度不适宜的食物，会造成宝宝肠胃不适，引发健康问题。其实，宝宝虽然需要呵护，但同时也存在一定的调节和适应能力，完全没有妈妈想象得那么脆弱，因此偏执地追求一个绝对"适宜温度"是没有必要的。

　　需要提醒妈妈的是，相比过热的食物，可以给宝宝尝试一些稍凉的食物，因为过热的食物可能会烫伤宝宝的口腔或是胃黏膜上皮。但是稍凉的食物反倒不会对宝宝的胃肠道造成严重的损伤，也许会对宝宝的胃肠道造成刺激，引起腹部不适，但是这样有利于锻炼宝宝胃肠道的适应能力。当然，刚刚从冰箱里拿出来的食物是不建议给宝宝吃的。

宝宝食谱推荐

红枣黑芝麻粥

（材 料）粳米 50 克，红枣 3 颗，黑芝麻 1 茶匙。

（做 法）

　　1. 粳米洗净，用冷水浸泡半小时；红枣洗净，去核；黑芝麻去掉杂质。

　　2. 锅中放入适量水烧开后，放入粳米用大火煮沸，加入红枣、黑芝麻，转小火熬煮 30 分钟至黏稠即可。

黄鳝胡萝卜粥

材 料 黄鳝 100 克，胡萝卜 50 克，粳米 30 克。

调 料 冰糖适量。

做 法

1. 黄鳝去头、内脏，拆骨后洗净，切片，氽烫捞出；胡萝卜洗净，切成细丝；粳米淘净。

2. 锅中加适量水，大火烧开后，加入粳米煮沸，再改小火煮30 分钟，加入黄鳝、胡萝卜丝，转用小火慢熬成粥即可。

365天

宝宝怎么吃每日一读

6个月

**有滋有味的
吞咽型辅食**

6个月的宝宝

与上个月相比，宝宝身体各部分的运动能力进一步加强，活动范围有所扩大。宝宝对食物的需求量大大增加，妈妈依然要注意为宝宝提供充足的营养。

6个月 宝宝喂养指导

　　6 个月以内的宝宝常常有挺舌反射，如果喂入固体食物，宝宝会下意识地将之推出口外，但随着宝宝的长大，与生俱来的挺舌反射会逐渐被吞咽反射取代，此时可喂些碎菜、碎肉等固体食物，让宝宝逐渐适应吞咽。这个阶段的宝宝可以开始吃些肉泥、鱼泥、肝泥。

　　这个阶段宝宝的主食仍应以母乳和配方奶为主，6 个月至 1 岁时应保持每天 600 ～ 800 毫升奶。由于宝宝身体需要的营养物质和微量元素更多了，母乳已经逐渐不能完全满足宝宝生长的需要，因此依次添加其他食物越来越重要。

　　由于宝宝食量太小，单独为宝宝煮粥或做烂面条比较麻烦，如果妈妈时间比较紧张，可以选用市售的各种月龄宝宝食用的调味粥、营养粥等，既有营养，又节省制作时间。不过，妈妈亲手制作的食物是宝宝的最佳食品。

　　这个月的辅食当中，如果宝宝排便正常，粥和菜泥可多加一些，并且可以用水果泥代替果汁，已出牙的宝宝可以吃些饼干，以锻炼咀嚼能力。

　　宝宝的生长发育需要补充各种营养，此时父母要有针对性地补充辅食，用容易消化吸收的鱼泥、豆腐等补充蛋白质；继续增加含铁丰富的食物的量和品质，蛋黄可由 1/2 个逐渐增加到 1 个，并适量补给动物血制品，增加土豆、红薯、山药等薯类食品，以扩大淀粉类食物品种。

根据发育情况调整奶量

　　增加半固体的食物，如米粥或面条，一天加 1 ～ 2 次。因为粥的营养价值比乳类要低，还缺少动物蛋白。因此，最好做成蛋黄粥、鱼肉粥、肝末粥等来给宝宝食用，不要给宝宝吃汤泡饭。要每隔 10 天给宝宝称一次体重，如果体重增加不理想，奶量就不能减少。如果体重正常增加，每天可以停喂一次母乳或牛奶。

1岁之内不能食用蜂蜜

蜂蜜在酿造、运输与储存的过程中，常受到肉毒杆菌的污染，这是因为蜜蜂在采取花粉、酿蜜的过程中，很有可能会把被肉毒杆菌污染的花粉和蜜带回蜂箱，所以蜂蜜中含有肉毒杆菌芽孢的可能性非常高。而肉毒杆菌的芽孢适应能力很强，它在100℃的高温下仍然可以存活。婴儿的抗病能力差，入口的肉毒杆菌很容易在肠道中繁殖，并产生毒素，此外婴儿肝脏的解毒功能也差，因而可能会引起宝宝肉毒杆菌性食物中毒。因此，不要给1岁以下的小婴儿喂食蜂蜜。

宝宝食谱推荐

雪梨汁

（材 料）雪梨半个。

（调 料）冰糖5克。

（做 法）

1. 将雪梨洗净，去皮、去核，切成小块。

2. 雪梨块放入锅中，加适量水，大火煮开，转小火熬煮20分钟。

3. 加入冰糖继续煮5分钟即可。

胡萝卜泥

（材 料）胡萝卜1根。

（做 法）

1. 将胡萝卜洗净，去皮，切小块，隔水蒸熟。

2. 将蒸熟的胡萝卜用勺或研磨器碾成泥，再加水拌匀即可。

第 153~154 天

选对烹饪方式

烹饪的方式会直接影响宝宝对食物的接受度。有时宝宝讨厌某种食物，并不是不喜欢这种食物的味道，而是不喜欢其烹饪的方式。比如，长牙之后喜欢耐嚼的食物，会拒吃苹果泥，因此妈妈不妨将苹果泥改成苹果片喂给宝宝。

妈妈在制作辅食时，要综合考虑以下几点内容。

①色彩鲜艳的食物可以促进宝宝的食欲。

②太冷或太热的食物会使宝宝感觉害怕。

③辅食的口味太浓或有刺激性的是不适宜的。

④食材的切法应该与宝宝的咀嚼能力相适应，形状也应该有变化，以提高宝宝进食的兴趣。

宝宝食谱推荐

百合梨藕汤

材 料 鲜百合 50 克，梨半个，莲藕 100 克。

做 法

1. 将鲜百合洗净，撕成小片状；梨洗净，去核，切成小块；莲藕洗净，去皮，切成小块。

2. 把梨块与莲藕块倒入锅中，加适量水大火煮开，再用小火炖 1 小时。

3. 加入鲜百合片，继续煮 10 分钟即可。

第 **155** 天

保护宝宝的肠胃

不要用成年人的习惯来看待宝宝，无糖与无盐的蔬菜水和营养米粉，成年人可能觉得不好吃，但宝宝由于一直接触的就是这样的味道，因此并不会反感。妈妈不要在宝宝面前表现出不好吃的样子，以免影响宝宝对食物的喜好。

宝宝不爱吃饭，其实与妈妈做的饭菜好不好吃或有没有营养关系不大。关键在于开始添加辅食之初，妈妈有没有注重宝宝脾胃的养护问题。宝宝很少有先天脾胃虚弱的，多数都是后天受到了伤害。比如喝刚从冰箱里拿出来的酸奶，这就会损伤宝宝的脾胃。

妈妈要精心制作宝宝的辅食，调养好宝宝的脾胃。饭要做得软、细、烂、温、清淡，过凉的不吃，过硬的不吃。同时还要注意营养均衡，食物的种类不宜太单一，不要喜欢就吃个没完，不喜欢就一下也不碰，更不要吃垃圾食品。

宝宝食谱
推荐

百合粥

（材 料）粳米 50 克，鲜百合 50 克。

（做 法）

1. 将锅中放适量水煮沸，把淘洗干净的粳米倒入锅中，大火煮沸，转小火煮 30 分钟至米烂汤稠。

2. 加入鲜百合，继续煮 5 分钟即可。

第 156 天
饮食习惯早培养

对于宝宝来说，怎么吃比吃什么更重要，从城市与农村宝宝的饮食对比中可以看出，城市宝宝在饮食均衡与精细方面都要超过农村宝宝，却经常会见到喂养困难、体弱多病的宝宝，反而农村宝宝虽然粗茶淡饭，却多数健康活泼。其实，单纯的谷物基本能满足人体的营养需求，再适当添加一些其他的食物来补充营养即可，比如蔬菜、肉类等。

喂养的关键不在于宝宝吃了什么，而是怎么喂才能让宝宝把吃进去的食物营养充分吸收和利用。养成良好的饮食习惯是根本。

从开始添加辅食起，妈妈就要随时预防宝宝出现偏食、挑食、厌食。尽量杜绝以下几种行为：

①从小把不同种类食物分开喂。不同食物味道不同，分开喂，就如同出选择题，诱导宝宝选择。

②大人本身挑食，只强调给宝宝吃，不以身作则。

③过多地从营养的角度考虑，某些食物喂养过频。

宝宝食谱推荐

牛奶蛋花粥

材料 粳米 50 克，鸡蛋 1 个，配方奶 100 毫升。

做法

1. 将粳米淘洗干净；鸡蛋取蛋黄，打散。

2. 锅中加水煮沸，将粳米倒入锅中，大火煮开，转小火熬半小时。

3. 锅中加入配方奶，继续煮沸。

4. 最后淋入蛋黄液，再次煮沸后熄火即可。

番茄鱼糊

材料 三文鱼 100 克，番茄半个，鸡汤 1 小碗。

做法

1. 将三文鱼去皮，切成末；番茄洗净，用开水烫去皮，切碎。

2. 将鸡汤倒入锅中，加入切碎的番茄，中火烧开，转小火煮 5 分钟。

3. 加入切碎的三文鱼肉，用小火煮 5 分钟即可。

第 157 天

蔬菜处理得当，可避免营养流失

　　妈妈在给宝宝制作蔬菜泥时，要保证蔬菜中的营养物质尽可能不被破坏。不同种类的蔬菜制作方法有异。根茎状蔬菜，如土豆、南瓜、红薯、胡萝卜，可将它们蒸熟后去皮，再制成泥糊状。绿叶菜应在滚开的水里焯 3 分钟，取出后再加工成菜泥。这样处理可去除附着于菜叶上的化肥、农药等残留物。绿叶菜不要做得太熟，也尽量不要剁碎后再放入开水内焯，这样做会使维生素大量流失。

　　菜泥处理完，可直接加入米粉中喂食；如果想做菜粥，可以先熬着米粥，待粥要熟的时候再加入制好的菜泥，千万不要将菜与米一起煮熟。

宝宝食谱推荐

虾皮肉末青菜粥

材　料 粳米 50 克，虾皮 20 克，瘦肉 50 克，小白菜 100 克。

做　法

1. 虾皮和瘦肉分别洗净，切碎；小白菜洗净，切成丝。
2. 锅中放少许油中火烧热，下瘦肉，煸炒 2 分钟，再倒入虾皮翻炒 1 分钟。
3. 锅中加水，烧开，放入粳米，再次煮沸后转小火熬煮 30 分钟。
4. 最后加入白菜丝煮 2 分钟即可。

南瓜挂面汤

材 料 细挂面 50 克，南瓜 100 克，鸡蛋 1 个。

调 料 海苔粉 5 克。

做 法

1. 细挂面煮熟，盛到碗里。

2. 南瓜去皮、去瓤，蒸熟后捣成泥。

3. 鸡蛋煮熟，取出蛋黄，捣成泥。

4. 将南瓜泥与蛋黄泥倒入挂面中，搅拌均匀，撒上海苔粉即成。

第 158~159 天

感冒护理的饮食方案

宝宝感冒时，维持其体内适当的水分与足够的营养，是对付疾病的最好方法。这不仅是宝宝本来就旺盛的代谢所需，也是维持正常体重的一个条件。

感冒时的饮食原则

当咽喉感染时，宝宝会因咽喉红肿疼痛而不肯喝奶、吃东西，甚至连喝水的量、小便的量也减少许多。这时可给予口服电解质液或者使用静脉点滴，适当补充水分，可以有效改善情况。

如果宝宝因发热有恶心、呕吐、厌食、腹胀、腹泻等显著不适情形时，可暂时喂食清淡、流质食物，等状况改善后采用半流质饮食，少量多餐。

如果宝宝食欲不佳造成摄取量不足、体重明显减轻时，则需要增加热量、蛋白质与维生素、矿物质的摄取。

禁食油腻食物。油腻食物不易消化，会使病情加重。

宝宝食谱推荐

白萝卜生梨汁

材料 小白萝卜半根，梨半个。

做法

1. 将小白萝卜洗净，去皮，切成细丝；梨洗净，去皮，切成薄片（可切成花朵等形状）。

2. 将萝卜丝倒入锅内，加清水大火烧开，转小火炖 10 分钟左右。

3. 锅中加入梨片，继续煮 5 分钟左右关火，取汁即可。

小贴士：
白萝卜富含维生素 C、维生素 B_2、蛋白质等营养成分，具有止咳润肺、帮助消化等保健作用。

第 **160~161** 天

微波炉加热食物，要把握好火候

微波炉加热主要是微波穿透食物，使水分子震动，通过摩擦而产生热量。传统的加热方法因为火候和时间不好掌握，极易造成食物中的维生素大量流失，相比之下微波炉的优势更加明显，在微波炉中加热婴儿配方食品，比用传统方法加热食物破坏的维生素要少。

用微波炉加热婴儿配方食品时要注意，将食品放到微波炉里的时候不要将盖子盖严，时间控制在半分钟以内，千万不能过分加热。还要记得给宝宝食用前要自己试一下温度，以免加热不匀或者没有达到理想温度。

宝宝食谱推荐

肉末菜粥

材料 米粥 1 小碗，里脊肉 50 克，西芹适量。

做法

1. 将里脊肉洗净、剁成细末；西芹洗净，取茎秆部分，切碎。

2. 炒锅放入少许油烧热，加入里脊肉末，大火煸炒 3 分钟，加入芹菜碎，继续煸炒至熟。

3. 把炒好的肉末芹菜放入熬好的米粥中，搅拌均匀即可。

第 162 天

给宝宝示范如何咀嚼

看到别人家的宝宝顺利地接受固体辅食，每次都吃得那么香，而自己家的宝宝却用舌头将食物往外推，做妈妈的会很着急。这里要提醒妈妈们，出现这种情况不用过于担心。到了给宝宝添加固体辅食的月龄，有些宝宝却一直吃不下去，这不是因为宝宝不喜欢吃这种食物，而是因为宝宝还不会咀嚼。

如何才能让宝宝学会咀嚼呢？妈妈们不用着急，只要做好导师，亲自为宝宝示范如何咀嚼食物，宝宝自然会模仿你的动作，几次下来，宝宝就学会咀嚼了。

试试这样给宝宝做示范：在宝宝拿着固体食物放入口中的同时，妈妈也拿起和宝宝同样的食物，放到嘴里，做出夸张的咀嚼动作。宝宝看到妈妈的样子，自然会去模仿，妈妈不妨多试几次，让宝宝有更多的学习机会。

宝宝食谱推荐

胡萝卜菠菜粥

材 料 米饭50克，肉汤150毫升，胡萝卜、菠菜各30克。

做 法

1. 将胡萝卜洗净，去皮，蒸熟，研磨成泥；菠菜洗净，煮熟，切碎。

2. 米饭倒入锅中，加水熬煮至黏稠，再倒入肉汤继续熬煮2分钟。

3. 锅中再加入胡萝卜泥、菠菜碎，同煮3分钟即可。

小贴士：
此粥含有丰富的胡萝卜素、糖、铁、钙、蛋白质和多种维生素，有健脾消食、补肝明目、清热解毒之功效，用于小儿营养不良、便秘、肠胃不适等。

强化食品要选对

选对强化食品

目前，市面上可选择的强化食品种类不少。有饼干、面条，也有饮料、米饭、面粉、油等，最好选择一种宝宝更愿意接受的。

不管哪一种，妈妈首先要确认这种食品中所强化的营养素，是不是宝宝缺乏的，再做选择。

了解强化营养素的量

妈妈还要了解所选择的强化食品的营养素的量，如维生素A的日强化量为500国际单位，维生素D的日强化量为400国际单位，钙的日强化量为200毫克，铁为4毫克，锌也是4毫克，不可摄入过多。

强化食品分开吃

当宝宝缺铁同时又缺锌时，一般可先治疗贫血，也就是服用铁剂或强化铁的食品，待不再贫血后，再吃强化锌的食品。如果铁和锌的强化食品一起吃，两者可能会有一定的拮抗作用，互相干扰。

宝宝食谱推荐

三文鱼肉粥

 材 料 粳米30克，三文鱼50克，豌豆、豆腐各25克，鸡蛋1个。

做 法

1. 粳米淘洗干净，浸泡30分钟；三文鱼洗净，切丁；豌豆洗净，煮熟；豆腐用开水汆烫后，切丁；鸡蛋打散。

2. 锅中加适量水煮沸，放入粳米，大火煮沸，转小火煮20分钟。

3. 锅中放入豌豆、三文鱼丁、豆腐丁，续煮20分钟，大火煮沸后，倒入鸡蛋液搅拌均匀即可。

第 165 天

辅食的营养标准

在给宝宝添加辅食的同时要注意辅食的营养，以保证宝宝的饮食营养均衡，宝宝辅食的营养必须达到以下标准。

①必须富含维生素和矿物质，特别是保持正常身体功能所需的维生素、铁和钙质等。这类辅食主要包括蔬菜、水果、菇类等。

②必须含有碳水化合物，这是为身体提供热量的主要来源。这类辅食主要包括米、面包、面类、淀粉类及芋类等。

③必须含有蛋白质，特别是要含有身体成长所需的必要蛋白质。这类辅食主要包括肉、鱼、蛋、乳制品、大豆制品等。

宝宝食谱推荐

西蓝花粥

材料 西蓝花 100 克，米粥 1 小碗。

做法

1. 将西蓝花洗净，掰成小块，放入沸水中煮 5 分钟后捞出，切碎。

2. 米粥倒入锅中，中火煮开，加入西蓝花末，煮 5 分钟即可。

果汁面包粥

材料 吐司切片面包 1 片，苹果半个，温开水半杯。

做法

1. 将面包片撕成小块，放入碗里；苹果洗净，去皮，切块，榨汁。

2. 锅中加温开水煮沸，加入面包块和苹果汁，转小火熬煮 2 分钟即可。

第 **166** 天

共同进食，让宝宝爱上吃饭

妈妈应该逐渐诱导宝宝定时进食。

可以把宝宝进食的时间安排在大人吃饭时或饭后，大人的进餐过程可以增加宝宝的食欲，有了大人进食做铺垫，再给宝宝喂饭就会容易很多。一同进餐时，大人可从宝宝的碗内取点儿食物吃，可以加强宝宝的进食兴趣。宝宝不喜欢吃"独食"，有可能会对大人吃饭的反应比较强烈，希望参与，但不要因此就主动给他品尝大人的食物，导致宝宝味觉过早发育，影响对辅食的接受度。

添加辅食后妈妈还要注意以下问题：给宝宝吃饭时不要用玩具、动画片等作为诱导；如果其他家人没有同时进食，那么就要远离宝宝进食场所，以免干扰进食。

宝宝食谱推荐

红枣蛋黄泥

材 料 红枣 5 颗，鸡蛋 1 个。

做 法

1. 红枣洗净，中火煮 20 分钟后，去皮、去核，碾成泥。

2. 鸡蛋煮熟取出蛋黄，置于小碗里，碾成蛋黄泥。

3. 蛋黄泥中加入红枣泥，搅拌均匀即可。

栗子粉粥

材 料 栗子 5 个，粳米 50 克。

做 法

1. 栗子煮熟，取出栗仁，置于研磨碗中磨碎；粳米淘洗干净，浸泡半小时。

2. 将泡好的粳米倒入锅中，大火煮开后再转小火煮 30 分钟，加入栗子碎，搅拌均匀，再次用小火煮开即成。

第 **167~168** 天

开始添加固体食物

有利于乳牙萌出

宝宝嘴里的唾液分泌增加了，其中的淀粉酶可以消化固体食物。这时就可以给宝宝吃条形饼干，或将馒头切成条状烤脆，让宝宝拿着吃。

开始吃固体食物时，宝宝会将固体食物用唾液泡软然后下咽。一段时间以后，就能用牙龈咀嚼了。个别婴儿到 5 个月时会出下门牙，多数婴儿要在 6 ~ 7 个月时才萌出。咀嚼固体食物，有助于牙龈逐渐强壮，对乳牙更快萌出有利。

有利于咀嚼能力的发展

进食固体食物，还能使宝宝养成进食此类食物的习惯，这是宝宝发育的要求。如果在此期间仍不断地以糊状物充饥，就会降低宝宝咀嚼能力和通过咀嚼促进唾液分泌的能力，将来再吃固体食物就会因唾液分泌不足而难以下咽，使宝宝不愿意接受固体食物而影响宝宝的身体发育。所以，这期间一定要让宝宝吃固体食物，以免错过机会。

宝宝食谱推荐

西蓝花番茄豆腐羹

材料 西蓝花 50 克，番茄半个，嫩豆腐 50 克，海带清汤 300 毫升。

做法

1. 西蓝花洗净，掰成小朵，煮熟，切碎；番茄洗净，用开水烫去皮，切碎；嫩豆腐洗净，在沸水中煮 5 分钟后切碎。

2. 将西蓝花碎、番茄碎、嫩豆腐碎加入海带清汤中，大火煮沸，搅拌均匀即可。

第 **169~170** 天

让宝宝接触肉类食物

宝宝开始显露出"杂食小动物"的本性，他们会喜欢迷人的肉香。因此，如果在食谱中逐步引入鸡肉、鱼肉、鸡肝、虾肉、猪肉等动物性食物再合适不过了。鱼泥、鸡肉泥的纤维细，蛋白质含量高，特别是鱼肉含有较多不饱和脂肪、铁和钙，海鱼中的碘含量也很高。适时添加肉类，无论从营养上还是口味上，都能带给宝宝全新的感觉。

给宝宝添加固体食物时，宝宝喜欢自己拿着吃，妈妈不要阻拦，这个过程对手眼协调及抓握能力的发育有好处。但要做好监督，以免发生呛噎的危险。

宝宝食谱推荐

鸡肉南瓜泥

(**材　料**) 鸡胸肉 50 克，南瓜 1 小块，海米适量。

(**做　法**)

1. 南瓜去皮、去瓤，与鸡胸肉、海米分别切成末。

2. 南瓜末倒入锅中，加少许水，中火煮 5 分钟，再加入鸡肉末继续煮 10 分钟。

3. 再把海米末加入锅中，边熬煮边搅拌，5 分钟后熄火即可。

鱼肉泥

材料 海鱼肉 250 克。

做法

1. 锅中加水，煮沸，加入洗净的鱼肉，汆烫半分钟捞出，沥干水分。

2. 给鱼肉剥去鱼皮，挑净鱼刺，在研磨碗中磨成鱼泥。

3. 锅中加适量水煮沸，将鱼肉放入锅里，中火熬 10 分钟，至鱼肉软烂即可。

第171天

常吃加锌餐，宝宝吃饭香

缺锌的症状

锌是人体必需的微量元素，参与人体内许多酶的组成，与 DNA、RNA 和蛋白质的合成有密切的关系。宝宝缺锌会引起严重的后果，不仅会导致生长发育的停滞，而且会影响宝宝智力和性器官的发育。缺锌的症状有以下几种：

①厌食，吃饭没有胃口。

②异食，经常吃一些奇怪的东西，例如玻璃、土块等。

③生长停滞。

④头发枯黄、稀疏或脱落，消化功能差，经常口腔溃疡。

⑤体质虚弱，动不动就爱生病。

如何补锌

多食用含锌丰富的食物，如黄豆、玉米、坚果、蘑菇、土豆、南瓜、白菜、萝卜、瘦肉、鸡蛋、动物肝脏、牡蛎、鲜鱼等。而且动物性食物含锌量高于植物性食物，吸收利用率也高，可以搭配植物性食物，给宝宝做补锌餐。

母乳中锌的生物效能比牛奶高，因此，母乳喂养是预防缺锌的好途径。如母乳不足，可喂一些含锌乳制品。

平时应注意培养宝宝良好的饮食习惯，不挑食，不偏食，多样化饮食。

宝宝食谱推荐

淡菜瘦肉粥

材料 淡菜 50 克，猪瘦肉 50 克，干贝 5 粒，粳米 50 克。

做法

1. 将淡菜、干贝洗净，用水浸泡 12 小时，捞出切碎；猪瘦肉洗净，切末；粳米淘洗干净，放入清水中浸泡 1 小时。

2. 锅中加水，大火烧开，加粳米、淡菜碎、干贝碎、猪瘦肉末，煮沸后转小火，熬煮半小时左右至粥烂熟，关火即成。

第172天

给宝宝吃时令食材

现在，为了丰富餐桌需求，随着科技的进步，越来越多的反季食材也进入了厨房。其实，如果反季食材的生长条件符合国家规定的准则，那么它和时令食材几乎一样，差的也许就是口感，本身没什么危害。不过，也有为了提高产量或提前上市，使用催熟剂等激素催熟的情况。这种反季食材，不但营养价值不高，还可能给身体带来危害。而是否用了激素，普通人无法辨别，慎重起见，还是提倡尽量不在宝宝的辅食中使用反季食材。而新鲜的应季食材，适应气候生长而成，储存和运输的时间较短，在此过程中营养物质的流失较少。所以，选择新鲜的时令食材会更安全、健康一些。让宝宝"应节而食"，可以让宝宝充分感受和享用食物天然的味道，吸收最适宜的营养。

宝宝食谱推荐

番茄猪肝汤

材料 猪肝50克，番茄半个。

做法

1. 猪肝冲洗干净，切碎；番茄洗净，用开水烫去皮，切碎。
2. 锅中加水，倒入猪肝，加适量水大火煮沸，转小火煮10分钟。
3. 加入番茄，搅拌均匀，煮沸即成。

肝泥白菜粥

材料 猪肝50克，白菜嫩叶30克，粳米30克。

做法

1. 将猪肝洗净，切成片，用开水焯一下，剁成泥；将白菜嫩叶洗净，切细丝。
2. 锅中放少量油中火烧热，下猪肝泥煸炒，加水烧开。
3. 锅中加入洗净的粳米，大火煮沸，转小火煮半小时左右至熟烂。
4. 锅中加入白菜嫩叶丝，煮沸后继续煮1分钟即成。

小贴士：
猪肝是含铁质较为丰富的动物性食物。动物性食物中的营养成分更有利于人体的吸收。此粥可健脾补血，适用于贫血症状较轻的宝宝。

第 173~174 天

四季辅食食材

为了宝宝身体健康，在添加辅食时，最好选用时令材料制作辅食。下面列出一年四季各个月份推荐用于辅食制作的时令食材。

春季 3~5月	夏季 6~8月	秋季 9~11月	冬季 12月~次年2月
草莓、杏、李子、菠萝、豌豆、菠菜、卷心菜、黄瓜、水萝卜、青花鱼、扇贝、蛤蜊、冰鱼脯、虾、墨鱼、黄花鱼	玉米、李子、甜瓜、西瓜、葡萄、豌豆、茄子、土豆、南瓜、韭菜、荬瓜、黄瓜、甜椒、干银鱼、鲳鱼、鲅鱼、虾、墨鱼、鲍鱼	柿子、大枣、栗子、梨、苹果、银杏、核桃、糙米、红薯、萝卜、白菜、蘑菇、南瓜、青花鱼、大头鱼、扇贝、虾、大马哈鱼、墨鱼、鲱鱼	橘子、柠檬、苹果、香蕉、橙子、核桃、糯米、红薯、南瓜、胡萝卜、萝卜、西蓝花、菠菜、菜花、鲽鱼、牡蛎、紫菜、梭子鱼、海带、大头鱼、对虾、干银鱼、裙带菜、鲅鱼、鲍鱼、鲱鱼

宝宝食谱推荐

南瓜粳米粥

材 料 粳米 50 克，南瓜 100 克，配方奶 150 毫升。

做 法

1.南瓜去皮、去瓤，切块，蒸熟。

2.粳米淘洗干净，放入锅中加水熬煮 30 分钟。

3.将蒸熟的南瓜加入米粥中，再加入配方奶，搅拌均匀即成。

第 175~176 天

出牙不适调养餐

大多数宝宝都会在 6 个月的时候出牙。出牙期是在宝宝的口欲期内，宝宝在这个阶段是以口唇来接触、感知世界的，见到什么都想咬。部分宝宝在出牙期会有反常表现，如哭闹、吭哧、呕吐，有时甚至是发热、咳嗽等，体质差、抵抗力弱的宝宝反应会更强烈。很多妈妈会忽略以上不适问题是出牙不适导致的，反而会从生病的角度去应对。

这个时候要给宝宝提供稍微硬一点儿的磨牙食物，比如黄瓜条、熟萝卜条、熟豌豆、去核硬大枣、大葱、粗粮饼等都可以，但要保证干净卫生。这些食物不但可以刺激宝宝的味觉，磨薄阻挡出牙的口腔黏膜和肌肉组织，帮助快速出牙，还有助于缓解宝宝牙龈的痒感。此外，对大脑的发育也有好处。

宝宝食谱推荐

芝麻花生糊

材料 黑芝麻 100 克，花生仁（连衣）100 克。

做法

1. 将黑芝麻洗净，倒入炒锅中，用小火加热翻炒出香味，关火盛出，在研磨碗中磨成末。

2. 花生仁洗净，放入炒锅中炒熟，也研成粉末。

3. 花生仁末与黑芝麻末各取 30 克左右，加入适量开水搅拌，调成糊状即成。

大蒜粥

材料 粳米 50 克，大蒜 4 ~ 6 瓣。

做法

1. 锅中加适量水煮沸，将淘洗干净的粳米放入锅中，大火煮沸。

2. 蒜瓣洗净切片，放入锅中，转小火熬煮 30 分钟即可。

第 177~178 天

从现在开始，预防宝宝肥胖

　　蛋白质摄入过多是引起肥胖的原因之一，蛋白质过多会刺激体内胰岛素和胰岛素样生长因子 -1 分泌增多，早期促进婴幼儿身高、体重增长，也刺激了脂肪细胞分化过度，形成成年人肥胖基础。

　　妈妈要保证给宝宝准备的辅食中蛋白质食物（鸡蛋、肉）等不要超过 1/4。另外，不要轻易给宝宝补充"蛋白粉"。宝宝在婴儿期要多摄入富含营养和纤维、降低能量的食物，如水果和蔬菜；同时降低炸薯条和甜点等食物的摄入量，可以预防肥胖。这个阶段形成偏好蔬菜与水果的饮食习惯，会是终生的，最终会有利于控制体重。

宝宝食谱推荐

菠菜番茄汤

材　料 菠菜叶 100 克，番茄半个。

做　法

1. 将菠菜叶洗净，切碎；番茄洗净，用开水烫去皮，切丁。

2. 锅中加水，大火烧开，将菠菜碎和番茄丁一起放入锅中，煮 5 分钟即可。

宝宝食谱推荐

冬瓜汤

材料 冬瓜 50 克，猪骨高汤 100 毫升，菠菜叶 1 片，番茄小半个。

做法

1.冬瓜去皮、去瓤，切薄片；菠菜叶、番茄分别洗净，切碎。

2.高汤倒入锅中，加适量水，放入冬瓜薄片，大火煮沸后转小火，慢炖15分钟。

3.把菠菜碎和番茄丁加入冬瓜汤中，再次煮沸即可。

小贴士：
冬瓜含有多种维生素和矿物质，营养价值很高，它不仅可以给发育中的宝宝提供足够的营养，也很适合哺乳期的妈妈食用。

缤纷杂菜蓉

材料 胡萝卜、红薯、南瓜各 50 克，配方奶200 毫升。

做法

1.将胡萝卜和红薯洗净，切块；南瓜去皮、去瓤，切块。

2.将三种菜蒸熟后，盛入同一小碗中压成泥，再倒入配方奶，搅拌均匀即可。

小贴士：
此菜蓉含有丰富的维生素、蛋白质、钙等营养物质，能给宝宝提供较全面的营养。

第179~180天
鱼肉的选购与处理

如何选购鱼肉

给宝宝选购鱼肉时应该注意：肉质要有弹性、鱼鳃呈淡红色或鲜红色、眼球微凸且黑白清晰、外观完整、鳞片无脱落、无腥臭味等。

罗非鱼、银鱼、鳕鱼、青鱼、鲶鱼、黄花鱼、比目鱼、马面鱼等鱼肉中几乎没有小刺，很适合宝宝吃。

鲈鱼、鲢鱼、胖头鱼、武昌鱼的鱼腹肉没有小刺，也可以放心给宝宝吃。

鲤鱼等经济实惠、营养价值丰富的鱼类也是很理想的食材，但是一定要把鱼刺清理干净，避免卡到宝宝。

鱼肉巧烹调

鱼肉的烹调方法有很多种，妈妈可以从节省时间或方便制作等角度出发，进行多种尝试。比如自己动手做鱼泥。选用刺少的鱼，去头尾，取中段，去皮和中央骨。用斩砸的刀法，把鱼肉剁细，用手摊开看不到颗粒，似泥一样，这就是鱼泥（也叫鱼蓉）。还可以按照购买的瓶装鱼泥的配方进行炖、炒、煮，也可添加各种蔬菜泥烹饪，配制更多口味的鱼泥给宝宝吃。

一般来说，鱼肉买回家后最好采用清蒸或烤的方式，避免油炸，以最大限度地保留营养。

宝宝食谱推荐

鲤鱼萝卜泥

材 料 鲤鱼肉 200 克，白萝卜 50 克，胡萝卜 50 克。

做 法

1. 将鲤鱼肉洗净，在开水中氽烫，去皮及骨，置于研磨碗中磨成泥；白萝卜、胡萝卜洗净，去皮，切碎。

2. 将白萝卜碎、胡萝卜碎倒入锅中，加水，大火煮开。

3. 锅中加入鱼泥，小火煮 20 分钟左右至黏稠状。

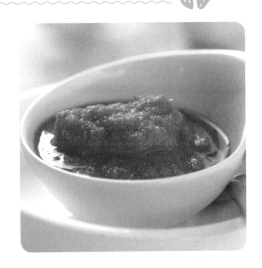

小贴士：

鲤鱼的蛋白质含量高且质量佳，人体消化吸收率可达 96%，能供给人体必需的氨基酸、矿物质、维生素 A 和维生素 D。但是鲤鱼的刺比较多，在给宝宝食用的时候，一定要把鱼刺清理干净。

365天

宝宝怎么吃每日一读

7个月

逐渐增加辅食种类

7个月的宝宝

　　与之前的快速增长相比，这个月起宝宝体格生长开始放缓，但他的动作及智力水平却提高很快。头、身体、躯干完全伸直。大多数宝宝此时能够坐稳不摔倒了。

7个月 宝宝喂养指导

7个月左右的宝宝，开始用手指抓取任何他看到的东西，然后把它放入口中，这表示可以给宝宝喂新的食物了。此时，宝宝还会用手抓住喂食的勺子，并且开始模仿成年人的咀嚼动作，左右移动上下颚。但由于他还没有完全长出牙齿来咀嚼食物，所以最好还是以糊状的食物为主，如土豆泥、胡萝卜泥、麦片粥等。

具体喂法仍然坚持母乳或配方奶为主，但喂哺顺序与以前相反，先喂辅食，再哺乳，而且推荐采用主辅混合的新方式，为断母乳做准备。

母乳喂养的宝宝，可以改为每日4次母乳，上午6时，下午2时、6时，晚10时。

大部分宝宝在这个月开始出牙，在喂食的类别上，可以开始以谷物类为主食，配上蛋黄、鱼肉或肉泥，以及碎菜或胡萝卜泥等做成的辅食。以此为原则，在制作方法上要经常变换花样，并搭配各种应季水果。

从现在开始可以给宝宝添加肉食了，肉类储存有丰富的铁质，正好满足宝宝对铁质的需求。牛肉与鸡肉富含铁，可以一次性切好一定的量分成恰当的份，之后每次熬粥时加入适量的肉。要去掉油和肉筋，只用瘦肉烹食。

辅食每天增加到2次

要让宝宝养成每天有规律地吃两餐辅食的饮食习惯。上午10点一次，喂粥或菜泥；根据宝宝的情况，在下午2点或下午6点再喂食一次，温开水、果汁、菜汁等要交替供给，每次110毫升。

注意每天要以同一时间喂食为原则，这样才能有助于宝宝在今后养成良好的饮食习惯。

辅食制作可以很简单

植物性食材处理方法

蔬菜泥、菜汁、果泥，容易氧化变质，应现吃现做，所以要把握好量，一次不要做得过多造成浪费。

动物性食材处理方法

肉泥、鱼泥、虾泥和粥，可以在做大人饭时一起做，放盐之前取出材料加工即可。虾泥、肉泥、粥等可以冷藏，可以一次做 2 天的量，吃的时候重新加热。

配汤的处理方法

常用的高汤，可一次多熬一些，分成小份冷冻起来，随用随取。一次可以做一周的量，注意在盒子上标注制作日期，尽量在短时间内用完。

宝宝食谱
推荐

三色肝末

材 料 猪肝 100 克，胡萝卜半根，番茄半个，菠菜 50 克，高汤 300 毫升。

做 法

1. 将猪肝洗净，切碎；胡萝卜洗净，切碎；番茄洗净，用开水烫去皮，切碎；菠菜洗净，用开水烫一下，切碎。

2. 锅中倒入高汤，大火煮开，将切碎的猪肝、胡萝卜放入锅内，再次煮开后转小火熬煮 20 分钟左右。

3. 锅中加入番茄碎、菠菜碎，再次煮沸即成。

第 182 天

适合宝宝食用的植物油

许多食品看起来不油，事实上其脂肪含量却不低。帮宝宝准备食品时，妈妈要谨记少油、少盐、少糖、高纤维 4 大原则。

山茶籽油

富含单不饱和脂肪酸以及独特的生物活性成分角鲨烯、茶多酚等物质，可以提高宝宝的免疫力，增强胃肠道的消化功能，促进钙的吸收，对处于生长期的宝宝尤其重要。

花生油

花生油中微量元素锌的含量是食用油类中最高的，具有预防宝宝发育不良、智力缺陷等疾病的功能。

葵花籽油

葵花籽油中亚油酸的含量与维生素 E 的含量比例均衡，亚油酸在血管中起"清道夫"的作用，而维生素 E 则有助于宝宝的健康发育，具有治疗失眠、增强记忆力等健脑益智的功效。

豆油

豆油富含卵磷脂，可以增强脑细胞，帮助维持脑细胞的结构，增强记忆力，并有益于宝宝的神经、大脑和血管的生长发育。

橄榄油

橄榄油是迄今所发现的油脂中最适合人体营养的，具有极高的营养价值；而且由于压榨橄榄油在生产过程中未经过任何化学处理，其天然的营养成分保存得非常完好，因此非常适合宝宝食用。

第183天

宝宝食用植物油提示

0～4个月

该阶段的宝宝尚未开始添加辅食，其营养所需全部来自母乳或配方奶，所以不需要食用油。

4～12个月

该阶段的宝宝虽然已经开始尝试辅食，但由于其肠胃道的功能尚未发育完全，仍不需要刻意添加食用油。烹调方法以蒸、煮等不加油的方式为主。但对体重不增、营养不良的宝宝，只要肠道功能正常，可以在辅食添加过程中每天适当补充2～5克植物油。

宝宝食谱推荐

洋葱糊

材　料 洋葱100克，面粉50克，肉汤半杯。

做　法

1. 将洋葱洗净，切碎，置于小碗里。

2. 起油锅，大火炝炒洋葱碎3分钟，当洋葱碎炒至透明时撒入面粉，转中火继续炒5分钟后倒入肉汤，搅拌均匀，再次煮沸后熄火即可。

肉饼蒸蛋

材　料 鸡蛋1个，猪肉末50克，芹菜末少许。

调　料 婴儿酱油少许。

做　法

1. 肉末和芹菜末混合，加少许婴儿酱油，盛入盘中，用勺子将肉饼整理成形，中间低、四周高。

2. 将鸡蛋打入肉饼的凹陷处，放入蒸锅隔水蒸熟即可。

第184天

不要用主食蘸菜汤

很多妈妈因为大人的菜不适合宝宝食用，就会给宝宝一些馒头蘸着成年人炒菜的菜汤吃，其实这是走入了喂养误区。

菜汤中不仅营养不足，而且有过多的盐和油，这种吃法会让宝宝逐渐吃惯咸味，更加喜欢口味重的食品，不利于宝宝养成好的饮食习惯，并为潜在的成年人疾病埋下隐患。

要掌握一定的食物制作技巧和营养知识，为宝宝专门加工烹制食物，多采用蒸、煮、炖、煨，不宜采用油炸、烤、烙等方式。口味以清淡为好，不用或少用调味品、不要过咸，更不要让宝宝食用辛辣刺激性食物，多选用深绿色、红黄色蔬菜和水果，做到色、香、味俱全，从感官上就能吸引宝宝的兴趣。

宝宝食谱推荐

绿豆山药粥

材　料 绿豆 30 克，粳米 100 克，山药 150 克。

做　法

1. 绿豆洗净，温水浸泡 30 分钟；粳米淘洗干净；山药去皮，洗净，切碎后置于研磨碗中，碾成糊状。

2. 将绿豆与粳米一起倒入锅中，加水，大火煮开转小火熬 30 分钟。

3. 锅中加入山药糊，搅拌均匀，煮 10 分钟即可。

宝宝总流口水，要多用勺子

喂饭时，大人不要用嘴边吹边喂，更不要先在自己的嘴里咀嚼后再吐喂给宝宝。这些做法极不卫生，很容易把疾病传染给宝宝。

流口水是婴儿期很常见的现象。分布在口腔里的唾液腺，24 小时都在分泌唾液，俗称口水。成年人吞咽功能发育健全，能随时把唾液咽下去。

宝宝爱流口水主要有两个原因。

①**出牙期刺激：**宝宝在 5 个月左右开始出牙，会刺激口腔分泌唾液，口水相应增多。这个时期流口水是每个宝宝都会经历的。一旦牙齿出来了，口水就会减少。

②**咀嚼功能发育落后：**6 个月到 1 岁是宝宝锻炼咀嚼的最佳时期，咀嚼功能发育正常的宝宝，吞咽能力强，不易流口水。如果超过 1 岁还总流口水，说明咀嚼功能发育没跟上。

妈妈要反省自己的喂养方式，是不是总给宝宝吃很软的糊状食物。专家建议，6 个月后要多给宝宝吃一些块状的、较硬的食物。同时，可以将咀嚼、吞咽等动作夸张地做给宝宝看，让他模仿。此外，让宝宝口腔多接触勺子，也能有效锻炼咀嚼能力。

饼干粥

宝宝食谱推荐

材料 白米粥 50 克，婴儿饼干 2 块。

做法

1. 取煮得略稀的白米粥，盛入碗内。

2. 把饼干放入粥中，用勺子碾碎，搅拌均匀即可。

第 **187~188** 天

尝试用水杯喝水

　　使用水杯喝水是宝宝自理能力提高进程中的一个坎。在宝宝能够自己握着奶瓶喝奶后，就可以训练宝宝握着水杯喝水了。虽然宝宝迟早会自己喝水，但早一些接触，也是对宝宝手眼协调及握持能力的训练。

　　最好在宝宝 6 个月大的时候就开始尝试让他用水杯喝水。可以先在杯子里放少量温开水，让宝宝双手端着杯子，大人再帮助他往嘴里送，要注意让他一口一口地慢慢喝。当宝宝拿杯子较稳时，可逐渐放手，让他自己端着杯子往嘴里送，杯子中的水要由少到多。8 个月时，大多数宝宝就能独立用杯子喝水了。

宝宝食谱推荐

橙汁拌嫩豆腐

 材　料 嫩豆腐 100 克，鲜橙半个。

 调　料 水淀粉 20 克。

 做　法

　　1.嫩豆腐洗净，放入开水中煮 3 分钟后捞出，盛入小碗内；橙子去皮，切块，用榨汁机榨汁过滤。

　　2.将橙汁倒入锅中，加入适量清水，烧开后，倒入水淀粉，继续用中火煮 3 分钟左右，要不停搅拌以防止结块。

　　3.将煮好的橙汁倒入盛嫩豆腐的小碗中，拌匀即可。

第**189**天

为宝宝选择合适的水杯

选择能高温消毒材质的水杯

现在的学饮杯基本采用PP、硅胶等材料制成，材质安全无毒且耐摔，无须担心宝宝打碎杯子伤到自己。购买时注意观察可否机洗、可否高温消毒。

选择有刻度的水杯

有刻度的水杯方便冲调奶粉，所以水杯最好选择有刻度的。

选择有把手的水杯

为宝宝挑选水杯的时候，还需要考虑两个因素：便于吸吮、不易洒漏。现在，宝宝已经具备了一定的抓握能力，却还停留在吮吸阶段，还不会"喝"，要让他们从吮吸转向喝，首先要训练他们将杯子递送到嘴边的准确度。有把手的奶瓶、水杯就能达到这个目的。

宝宝食谱推荐

肉泥米粉

（材料）里脊肉50克，米粉100克。

（做法）

1. 里脊肉洗净，剁成泥，置于小碗内。

2. 米粉加入肉泥中，加入适量水搅拌均匀，放入蒸锅，隔水中火蒸8分钟即可。

小贴士：

米粉富含磷酸钙、葡萄糖酸铁、葡萄糖酸锌、碘、维生素A、维生素D$_3$、B族维生素等营养素，与猪瘦肉搭配，营养加倍。

第 190 天

自制肉松

制作肉松要选用猪后臀尖，后臀尖有七八分瘦肉，做出的肉松口感会很酥脆，而且不会发柴。

制作肉丝的具体方法： 准备 300 克猪后臀尖，切成长 5 厘米、宽 3 厘米的块，加水用中火煮，水烧开后撇去表层浮沫，加盖慢炖半小时。肉煮至八成熟时，用筷子轻轻扎进肉中能很容易拔出，此时要将煮熟的肉块取出，自然晾凉后放入保鲜袋中，用擀面杖压碎。将肉末放在大碗里，用叉子将肉叉松，放入食锅中加少量油炒干，出现毛茸茸的肉丝即可。

制作肉松时要注意： 肉块一定要煮够火候，晾凉后应该很酥烂，一压就碎，否则炒出来的肉松会很干，也不会出现毛茸茸的样子。

妈妈可能会担心这样做出来的肉松中油脂会过量。其实，那些肥肉经过长时间煮、翻炒，多余的油脂已经没有了。如果一味选用纯瘦肉来做，炒的过程中很容易糊锅，反而需要添加很多油，最后肉松会很干，不疏松。

宝宝食谱推荐

肉松三明治

材 料 面包片 2 片，肉松 20 克，小黄瓜半根，香蕉 1 根。

调 料 沙拉酱 1 茶匙。

做 法

1. 肉松与沙拉酱放入碗中拌匀；小黄瓜洗净，切片；香蕉去皮，切片。

2. 将一片面包平铺，放上肉松沙拉酱、小黄瓜片、香蕉片，再盖上一片面包即可。

第 191~192 天

从两餐逐渐过渡到三餐

一般从初期断奶的后半时期（6 个月）开始，慢慢地应锻炼 1 天喂宝宝 2 餐辅食。所以，进入中期断奶时期之后（6 个半月后），宝宝最好养成每天规律地吃 2 顿的饮食习惯。这样，到第 8 个月后半期时，就可以慢慢地试图一天内喂宝宝 3 次辅食了。

喂辅食的时间跟初期一样，最好在喝奶的时候。上午选在 10 点喂 1 次，下午根据宝宝的情况可以在 2 点喂或 6 点喂。如果一天喂 3 次，则上午 10 点，下午 2 点和 6 点是最佳时间。

注意每天都要以同一时间喂辅食为原则，这样才能有助于宝宝在今后养成良好的饮食习惯。

宝宝食谱推荐

牛奶木瓜泥

材料 木瓜 100 克，配方奶 200 毫升。

做法

1. 木瓜去皮、去瓤，切成块，放在碟子里，隔水蒸 8 分钟。

2. 将蒸好的木瓜放凉，用勺子压成木瓜泥，拌入配方奶搅拌均匀即可。

小贴士：
木瓜含有一种特殊成分——木瓜蛋白酶，可以帮助人体消化蛋白质。木瓜对于宝宝肠胃消化吸收很有帮助。此外，木瓜的膳食纤维含量多，治疗胀气疗效很好。注意制作的木瓜泥不要有颗粒，最好入口即化。

第 193~194 天

辅食可以提高宝宝对奶的吸收率

有些妈妈仅仅从营养角度出发，认为米粉等辅食不如母乳或配方奶好，因此，对辅食添加并不十分积极。

其实，宝宝超过 4 个月后，对营养的需求增加了很多，同时宝宝的胃肠蠕动加快，流质的母乳或配方奶粉在胃肠内存留时间就会逐渐缩短，致使营养吸收率逐渐下降。辅食不仅本身可以及时提供丰富的营养，还可增加母乳或配方奶粉在婴儿胃肠存留的时间，这样就能提高婴儿对母乳或配方奶的吸收率。辅食添加对婴儿的生长发育也有相当重要的作用。

宝宝食谱推荐

紫甘蓝米粉

 材　料 紫甘蓝 100 克，婴儿米粉适量。

做　法

1. 紫甘蓝切开，剥掉外面不够新鲜的菜叶，切掉根部，一层一层地剥开、洗净。

2. 锅中烧开水，放入紫甘蓝片，焯水 3 分钟左右，捞出控水，再放入辅食机中打成泥糊状。

3. 米粉冲调好，加入 1 勺紫甘蓝泥，搅拌均匀即可。

番茄猪肝泥

 材　料 番茄 1 个，鲜猪肝 100 克。

做　法

1. 将鲜猪肝洗净，去筋，切碎；番茄洗净，用开水烫去皮，捣成泥。

2. 把猪肝泥和番茄泥置于一个小碗内，搅拌均匀，放入笼蒸，隔水蒸 10 分钟即可。

第 **195~196** 天

从细节出发，培养进餐好习惯

　　用餐不仅仅是"吃"的过程，让宝宝目睹餐前准备、餐桌布置，以及吃饭之后收拾饭桌、洗刷餐具都可以是日常教育的一部分，这会让他逐渐认识到父母为此付出的劳动以及食物的神奇变化，引发宝宝参与家务劳动的兴趣与责任感。

　　一起进餐时，妈妈可以分解一些复杂的动作，让他看清楚每一步：怎样落座、怎样从椅子上站起来，怎样使用筷子等。虽然宝宝还小，距离学会这些行为还很远，但妈妈的这些动作会对他起到熏陶作用。用餐前后的洗手、用餐中的礼仪等也是宝宝学习和模仿的内容。

宝宝食谱推荐

芋头玉米糊

材　料 芋头 2 个，玉米粒 100 克。

做　法

1. 玉米粒洗净，煮熟后放入榨汁机中，加温开水，打成玉米糊。

2. 芋头洗净，去皮，切成块状，煮熟后用勺子压成泥状。

3. 把芋头泥倒入玉米浆中，拌匀即可。

第 197 天

尽量不给宝宝使用彩色餐具

尽量避免给宝宝使用彩色餐具，彩色餐具和绘有图案的餐具所采用的颜料，可能对婴儿身体有危害。如陶瓷器皿中添加的颜料和瓷器内绘图所采用的颜料，都含有大量的铅及其他有害成分，且酸性食物可以把图案中的铅溶解出来，与食物同食会进入儿童体内。而那些涂漆的筷子，不仅可以使铅溶解在食物当中，而且剥落的漆块可直接进入消化道。要知道，儿童吸收铅的速度要比成年人快 6 倍。如果儿童体内含铅量过高，会影响儿童的智力发育。

宝宝食谱推荐

香菜肉末粥

材料 香菜 20 克，猪里脊肉 50 克，粳米 30 克。

做法

1. 香菜洗净，切碎；猪里脊肉剁成肉末；粳米淘洗干净，浸泡 30 分钟。

2. 炒锅烧热，不放油，放入猪里脊肉末炒至变色，盛出。

3. 锅中放入适量水烧沸，放入粳米，大火煮开，再转小火煮 20 分钟。

4. 把肉末放入粥里，开大火，滑散肉末，煮开后，放入切碎的香菜，煮至香菜断生即可。

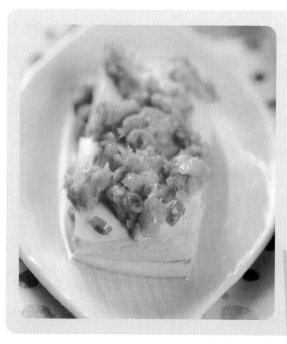

鱼泥豆腐

材料 三文鱼 150 克，豆腐 100 克。

调料 香油 1 滴，水淀粉 5 克。

做法

1. 三文鱼洗净，剁成泥，拌入少许淀粉；豆腐洗净，氽烫后切大块。

2. 将拌好的三文鱼泥放在切好的豆腐块上，铺匀，放入蒸锅，隔水大火蒸 8 分钟，滴入香油即可。

小贴士：
三文鱼富含蛋白质、钙、磷、铁等，并含有十分丰富的硒、碘、锰、铜等微量元素，对宝宝的生长发育有利。

第 198 天

夏季辅食添加要点

勤喂水

夏天气温高，出汗多，宝宝对水分的需要量明显增加。一般情况下，可 2 小时喂一次水，如发现嘴唇干、尿少时，可适当多喂些水。不要喂各种饮料，凉开水最好。4 个月以内的婴儿不宜喂冷饮。

不宜断奶

由于天气炎热，婴儿的消化液分泌减少，食欲降低，这是正常现象，不必担心。这一时期不宜给婴幼儿断奶，因为母乳中含有多种能够防病的抗体，可预防夏季流行性腹泻和消化不良等疾病的发生。

调整膳食结构

应当随时调整婴儿的膳食结构，减少肉类摄入量，多吃些清淡可口的食物，注意食物的色、香、味，合理搭配，以增强其食欲。主食可多食粥类，例如大米粥、赤小豆粥、绿豆粥、荷叶粥、扁豆粥等。为了保证卫生，蔬菜必须加热后凉拌。制作菜肴时加适量的青蒜和醋，可增进宝宝食欲，帮助消化。

宝宝食谱推荐

冰糖炖梨

材料 鸭梨 1 个，冰糖 10 克。

做法

将鸭梨洗净，去皮，切小块，放入冰糖隔水蒸熟即可。

第 199 天

接种疫苗前后，要进行饮食调养

虽然疫苗接种成功后可以获得免疫力，但过滤性病毒会潜伏在体内，日后会导致其他并发症。为避免后患，接种疫苗前后应小心饮食，应给予宝宝高热量、易消化、清淡、爽口的饮食，忌吃燥热和滋补性的食物，以免引起发热。如发热，则要退热。退热是以发汗、泄热的形式来实现的，这个过程中宝宝会丢失大量水分和盐分，因此，在接种疫苗前后，首先要注意给宝宝补水，其次要补充维生素与矿物质，最后要供给适量的热量及蛋白质。且此时的饮食应以流质、半流质为主。接种疫苗以后的 3 天内，要多喝些粥，还可以吃些清淡的食物，比如菜汤。

宝宝食谱推荐

香菇鸡茸蔬菜粥

材料 粳米 50 克，鲜香菇 1 朵，鸡胸肉 100 克，胡萝卜 100 克，青菜叶 100 克。

调料 生抽 1 小勺，香油少许。

做法

1. 粳米淘洗干净；鲜香菇洗净，切粒；胡萝卜去皮，洗净，切粒；青菜叶洗净，切碎；鸡胸肉切碎，剁成茸，放入生抽腌制 10 分钟。

2. 粥锅中放入适量水煮开，放入粳米，大火煮沸后再转小火，煮至米烂。

3. 炒锅放入少许油烧热，晃动锅，让锅底铺上一层薄油，多余的油倒出。

4. 炒锅中放入腌好的鸡茸炒至变色，再放入香菇粒、胡萝卜粒翻炒均匀后出锅。

5. 把炒好的材料都倒入粥锅中，大火同煮 5 分钟，再放入切好的青菜碎，淋少许香油，搅匀即可。

选错辅食，会导致偏食

　　宝宝很多挑食、偏食的坏习惯是从妈妈喂辅食时形成的。宝宝从出生时起，尝到甜味时表情比较放松，一副十分享受的样子；当尝到酸味时，他们的嘴唇缩紧，表情古怪；当尝到苦味时，他们会张开嘴，做出看起来十分痛苦的模样。宝宝从 4 个月时开始喜欢咸味。

　　对不同味道的食物产生不同的反应，与以后宝宝的饮食习惯是紧密相关的。因为偏食就是对某些口味过于偏爱，而对另外一些食物和味道非常排斥。如果妈妈在早期给宝宝品尝的食物种类很多，他以后就乐于接受各种食物。如果给他的食物比较单一，宝宝的味觉发育就可能不够发达，以后接受食物的范围也会比较狭窄，而且不那么愿意接受他从未吃过的食品和味道。有些妈妈，为了宝宝吃得开心，只选宝宝乐意吃的味道和食物，长此以往，宝宝就形成了偏食的习惯。

　　为了让宝宝的味觉发育更发达，以后不挑食，妈妈在给宝宝添加辅食的过程中要注意选择多样的食物和味道。

宝宝食谱推荐

冬瓜银耳汤

材 料 冬瓜 50 克，银耳 5 克。

做 法

　　1.冬瓜去皮、去瓤，切成片状；银耳温水泡发，洗净，撕碎。

　　2.锅中放入适量水煮沸，将银耳碎和冬瓜片放入，大火煮沸，再小火煮至软烂即可。

第 202~203 天

吃干果，要注意方式

杏仁、松子、榛子等营养都比较独特，适合宝宝吃。杏仁有降气、止咳、平喘、润肠通便的功效；松子含有丰富的维生素 A 和维生素 E，以及人体必需的脂肪酸、油酸、亚油酸和亚麻酸，还含有其他植物所没有的皮诺敛酸；榛子含有不饱和脂肪酸，并富含磷、铁、钾等矿物质。

但吃这些干果时一定要注意方式，可以先碾成末再喂食。建议宝宝在 3 岁之前都要这样吃，这样既可获得干果的营养，又能避免发生气管异物的风险。

特别提示 1 岁以下的宝宝不要吃花生、榛子等干果，主要是为了预防过敏。稍大些的宝宝可以吃干果，但在宝宝咀嚼时，不要有情绪波动，以免呛入气管发生危险。

宝宝食谱推荐

蛋黄豌豆糊

材 料 鸡蛋 1 个，嫩豌豆 100 克。

做 法

1. 嫩豌豆洗净，煮熟，去皮，置于研磨碗中磨成泥，均匀地铺在小瓷盘上。

2. 将鸡蛋洗净，煮熟，取出蛋黄，用勺子碾成蛋黄泥。

3. 将蛋黄泥做成有趣的图形贴在豌豆糊上即成。

第204天

卵磷脂充足，大脑发育棒

　　卵磷脂集中存在于神经系统、血液循环系统、免疫系统及心、肝、肺、肾等重要器官，是人体组织中含量最高的磷脂。卵磷脂对大脑及神经系统的发育起着非常重要的作用，是构成神经组织的重要成分，有"高级神经营养素"的美名。

　　对处于大脑发育关键期的宝宝来说，卵磷脂是非常重要的益智营养素，必须保证有充足的供给。宝宝若缺乏卵磷脂，会影响大脑及神经系统的发育，造成智力发育迟缓、学习能力下降、反应迟钝等。

　　大豆、蛋黄、核桃、坚果、肉类及动物内脏等食物，是给宝宝补充卵磷脂的良好食材。大豆制品中含有丰富的大豆卵磷脂，不仅能为宝宝的大脑发育提供营养素，而且会保护宝宝的肝脏。蛋黄中卵磷脂和蛋白质含量都很高，不仅能促进宝宝脑细胞的发育，而且能为宝宝身体发育提供必需的重要营养素。

宝宝食谱推荐

腰果青豆糊

材料 腰果 50 克，青豆 100 克，土豆半个，配方奶 100 毫升。

做法

1. 青豆洗净，沥去水分；土豆洗净，去皮，切小丁。

2. 将青豆丁、土豆丁和腰果放入锅中，加水煮沸，转小火煮 30 分钟。

3. 将配方奶加入锅中，搅拌均匀，所有材料一起放凉后倒入榨汁机中打成浓汤糊。

第 205 天

看体质，选食材

孩子的体质由先天禀赋和后天调养决定，与生活环境、季节气候、食物、药物、锻炼等因素有关，其中饮食营养是最重要的因素。出生时体质较好的孩子可因喂养不当而使体质变弱，而先天不足的孩子，只要后天喂养得当，也能使其体质增强。以下是小儿体质与相应的饮食调养原则。

寒型： 身体和手脚冰凉，面色苍白，不爱活动，吃饭不香，食生冷物易腹泻，大便溏稀。温养胃脾，宜多食辛甘温之品，如羊肉、鸽肉、牛肉、鸡肉、核桃、龙眼等。忌食寒凉之品，如冰冻饮料、西瓜、冬瓜等。

热型： 形体壮实，面赤唇红，畏热喜凉，口渴多饮，烦躁易怒，大便秘结。以清热为主，宜多食甘淡寒凉的食物，如苦瓜、冬瓜、萝卜、绿豆、芹菜、鸭肉、梨、西瓜等。

虚型： 面色萎黄、少气懒言、神疲乏力、不爱活动、汗多、吃饭少、大便溏或软。气血双补，宜多食羊肉、鸡肉、牛肉、海参、虾蟹、木耳、核桃、桂圆等。忌食苦寒生冷食品，如苦瓜、绿豆等。

湿型： 嗜食肥甘厚腻之品，形体多肥胖、动作迟缓、大便溏稀。以健脾祛湿化痰为主，宜多食高粱、薏米、扁豆、海带、白萝卜、鲫鱼、冬瓜、橙子等。忌食甜腻酸涩之品，如石榴、蜂蜜、大枣、糯米、冷冻饮料等。

宝宝食谱推荐

葡萄干土豆泥

材料 土豆半个，葡萄干 20 粒。

做法

1. 将土豆洗净，去皮，切块，蒸熟后用勺子碾压成泥。

2. 葡萄干洗净，用温水浸泡半小时，置于研磨碗中磨碎。

3. 将土豆泥与葡萄干碎一同放入容器中，搅拌均匀即可。

1 岁半前，奶仍是主食

宝宝 1 岁半之前，要以奶为主要食物。如果米粥或其他辅食所占比例增加，影响宝宝奶的摄入量，食物提供的能量大大减少，不利于宝宝的正常生长。实际生活中，妈妈面对一个每次吃完辅食后还想吃的宝宝，很容易把喂养的重点放在辅食的喂养上。

妈妈可以依据以下奶摄入量的标准进行喂养：

6 个月 ~ 1 岁，每天 600 ~ 800 毫升奶；1 ~ 1.5 岁，每天 400 ~ 600 毫升奶。

首先要保证奶的摄入量，不足部分才可以辅食补充。保证奶的摄入量，才是保持营养的基础。在保证每日奶量的基础上，妈妈还要关注宝宝的生长情况，以此为基础，来决定给宝宝怎样的辅食搭配。

蔬菜泥汤面

材 料 龙须面或自制面片 30 克，蔬菜泥 100 克。

做 法

1. 锅中加适量水煮沸，放入龙须面或自制面片，煮熟后盛入碗中，用勺子研碎。

2. 将蔬菜泥加入碗中，搅拌均匀即可。

第 207 天

断奶时间和方式的选择

断奶时间

为了宝宝的生长发育和妈妈健康的需要，在宝宝 8 ~ 12 个月时断奶是比较合适的。

但也要根据具体情况而定。比如说宝宝正在生病，突然把奶换成其他食物，就容易造成宝宝消化不良，并使病情加重。如果是这种情况，应该等宝宝病愈后再断奶。若是妈妈体质不错，而且奶量也一直很充足，宝宝的辅食添加比较晚，则可以稍晚些再断奶。

如果要推荐一个断奶季节，那么春天和秋天比较好。

断奶方式

正确的断奶方式是从 4 个月起逐渐给宝宝添加些辅食，如米汤等，逐渐过渡到吃蛋黄、烂面条、菜泥、豆腐等。宝宝长牙以后，可吃点儿饼干、烂饭或面片等，减少哺乳 1 ~ 2 次，使胃肠消化功能逐渐与辅食相适应。10 个月后，可以以米面类食物为主食，奶类为辅食，这样，等到断奶的时候宝宝就适应了。

开始断奶时一定要耐心喂宝宝其他食物，或让宝宝离开妈妈 1 ~ 2 日。千万不要操之过急，以免引起相反的效果。

宝宝食谱推荐

豌豆糊

材料 豌豆150 克，肉汤100 毫升。

做法

1. 将豌豆洗净，倒入锅中，加水，大火烧开，转小火煮 10 分钟左右至熟，捞出后置于研磨碗中磨成泥。

2. 肉汤加热至 40℃ 左右，倒入豌豆泥中，搅匀即成。

第 208 天

不要给宝宝喝碳酸饮料

碳酸饮料是在一定条件下充入二氧化碳气体的饮品。长期喝碳酸饮料不仅能使人变胖，还会伤害到肠胃，使大量的钙流失，尤其对正在生长发育的婴幼儿非常不利。

碳酸饮料不要给宝宝喝，有一些名字比较有迷惑性的饮料也不能给孩子喝。父母应注意不要看到"果味""果汁"字样就认为可以给宝宝喝。其实这些饮料中大多果汁含量甚少，或者是以香精为主要原料制成的，对宝宝健康无益。

果汁型碳酸饮料：是原果汁含量不低于 2.5% 的碳酸饮料，如橙汁汽水、菠萝汁汽水或混合果汁汽水等。虽然这种饮料含有原果汁，但含量少之又少，一定不要因为它标注含有原果汁，就给宝宝喝。

果味型碳酸饮料：是以果香型食用香精为主要原料，并加入了食品添加剂的饮料。长时间给宝宝饮用，会严重伤害到宝宝娇嫩的胃肠。

低热量型碳酸饮料：是以甜味剂等添加剂全部或部分代替糖类的碳酸饮料和苏打水。虽然商家打着低热量的旗号，但是仍含有大量添加剂，一样会使宝宝身体受到伤害，也会引起发胖。

宝宝食谱推荐

草莓牛奶羹

材料 草莓150克，配方奶150克。

做法

1. 将草莓洗净，去蒂，切成小块，置于小碗中。

2. 将草莓块、配方奶一起倒入榨汁机中搅拌均匀即成。

小贴士：
草莓中维生素含量非常高，而且极易被吸收。这道羹补虚养血、润肺利肠、解毒排毒，可促进机体健康。

第 209~210 天
不要给宝宝喝植物蛋白饮料

植物蛋白饮料，是用蛋白质含量较高的植物果实、种子或核果类、坚果类的果仁等为原料，经过加工制成的饮品。

豆乳类饮料： 是以黄豆为主要原料，经打磨、提浆、脱腥等工艺，浆液中加入水、糖液等调制而成的饮品，如豆浆等饮料。

椰子乳饮料： 是以新鲜、成熟适度的椰子为原料，取其果肉再加入水、糖液等调制而成的饮品。

杏仁乳饮料： 是以杏仁为原料，经过浸泡、打磨等工艺，在浆液中加入水、糖液等调制而成的饮品。

以上植物蛋白型饮料，都是加入大量的添加剂、防腐剂制成的，宝宝不宜食用。如果宝宝喜欢喝豆浆、椰汁、奶味饮品等，妈妈最好亲自制作，安全又放心。

宝宝食谱
推荐

燕麦油菜粥

材料 燕麦片 30 克，油菜 100 克，鸡蛋 1 个，排骨汤 300 毫升。

做法

1. 油菜洗净，切碎；鸡蛋在碗中打散。

2. 排骨汤倒入锅中烧开，加入燕麦片，转中火熬煮 5 分钟，边熬煮边用筷子搅动，直至燕麦片软烂。

3. 将油菜碎、鸡蛋液倒入燕麦粥中，再次烧开后，转小火继续煮 2 分钟即成。

黄瓜酸奶糊

材　料 黄瓜 100 克，酸奶 50 毫升。

做　法

1. 将黄瓜洗净，切小块，放入辅食机中打成泥状。

2. 黄瓜泥中调入酸奶，拌匀即可。

365天

宝宝怎么吃每日一读

8个月

宝宝开始享受用手抓食物吃的乐趣

8个月的宝宝

    这个月，宝宝各方面的能力又更进了一步，性格特征也越来越鲜明。有的宝宝已经能够扶着栏杆站起来，甚至能自主爬行几步，也可以坐得很好。

8个月 宝宝喂养指导

妈妈乳汁的质和量都开始下降，难以完全满足婴儿的生长需要，辅食越来越重要了。大部分宝宝开始学习爬行，体力消耗较大，应供给更多的碳水化合物、脂肪和蛋白质。

不管是母乳喂养还是人工喂养的宝宝，这个阶段每天的奶量不变，可分3~4次喂食。

对婴儿的喂养除了两餐粥或烂面条外，还应该添加一些豆制品、菜心、鱼泥、肝泥等。需要注意的是，现在的宝宝还是不能吃蛋清，只能吃蛋黄。此时，婴儿仍处于出牙期间，要继续给他吃稍微硬点儿的东西，如小饼干、烤馒头片等，让他练习咀嚼。

让宝宝吃各类水果和蔬菜，可以避免因叶酸缺乏而引起营养不良性贫血。当宝宝噘起嘴巴、紧闭嘴巴、扭头躲避勺子、推开妈妈的手时，都表示现在不想再吃，这时切忌强喂，否则容易使孩子厌食。

宝宝整天活动会消耗掉大量的热能。因此，每天在正餐之间适当补充一些点心或提供加餐，能更好地满足他新陈代谢的需求。

宝宝进食地点要固定

可以给宝宝配备专用的进餐椅，让宝宝在固定的地方进食（包括吃零食的地点）。宝宝的习惯养成需要妈妈有计划性，一旦习惯了在餐椅上进食，以后只要妈妈把宝宝放置在餐椅上，他就知道吃饭的时间到了。如果追着给在地板上乱爬的宝宝喂东西，长大以后也会形成这样的习惯。

选择本地有机农产品

添加辅食是为了宝宝更好地成长，"吃饱"只是喂养的目的之一，"吃好"才是最重要的。给宝宝添加辅食，应选择健康的食物。

如果有可能的话，优先选择本地生产的、有机的、无污染的农产品。本地产品不仅成熟度好，营养价值损失小，而且不需要用保鲜剂处理，污染小，运输费用、包装费用、冷藏费用等比较低。

盲目追求那些漂洋过海、远道而来的进口食物是不明智的。长途跋涉过来的水果，特别是表皮特别光鲜的水果，吃时一定要削皮，因为它们不仅可能打过蜡，而且极可能是经过保鲜剂处理的。

宝宝食谱推荐

鱼肉蛋花粥

材　料　米饭 1 小碗，鸡蛋 1 个，鱼肉 150 克。

做　法

1. 鱼肉洗净去刺，在开水中汆烫一下，切丁备用；鸡蛋取蛋黄，打散。

2. 锅中加水煮开，倒入米饭，再次煮开后转小火煮 15 分钟。

3. 将蛋黄液淋在粥面上，再加入鱼肉丁，中火继续煮 5 分钟即可。

白菜肉末挂面汤

材　料　龙须面 100 克，猪肉 50 克，白菜 150 克。

做　法

1. 将猪肉洗净，剁成泥；白菜洗净，切碎。

2. 锅中加水，煮开，放入龙须面煮熟，加入肉泥、白菜碎，中火煮 3 分钟即可。

第212~213天
食材处理进入颗粒阶段

　　进食辅食已经有近 4 个月的时间了，大部分宝宝已经长出了牙齿。这个阶段，食材的处理方式要进行相应的调整，以满足宝宝牙齿咀嚼的要求。不要轻视这个问题，食物制作方式的调整直接关系到宝宝未来独立进食的顺利与否。

　　现阶段，食材要处理成颗粒状的，可以锻炼宝宝的咀嚼能力。

苹果： 切成碎丁，可以让宝宝自己用手抓着吃。

胡萝卜： 蒸熟，切成小颗粒，用手大把抓着往嘴里送。

鱼肉： 炖熟去刺，撕成肉丝放在碗里，宝宝可用手抓着吃。

豆腐： 从饭汤里拣出来置于碗里，用勺子压扁，抓着吃。

西蓝花： 掰成小朵煮熟捞出，剁成更小的块，大把抓着吃。

猪肉： 煮熟，剁成肉末，大把抓着吃。

豆类： 煮熟后，用勺子压碎了吃。

以上仅选取了部分食材，其他未提及的食材处理方法，也要向颗粒的方式转变。

宝宝食谱推荐

猪肉蛋羹

材料 猪里脊肉 50 克, 鸡蛋 1 个。

做法

　　1. 猪里脊肉洗净，剁成泥；鸡蛋取蛋黄，打入碗中打匀。

　　2. 在蛋黄中加入肉泥，兑入温开水，用筷子将蛋黄和肉泥向一个方向打匀。

　　3. 放入蒸锅，隔水蒸 20 分钟即成。

第214天

恰当地给宝宝吃零食

8个月的宝宝非常好动，每天会消耗掉大量的热能。因此，每天可以适当地补充一些零食，以满足新陈代谢的需求。

爱吃零食并不是坏习惯，关键是要把握一个科学的尺度。

首先，吃零食时间要适当，最好安排在两餐之间，不要在餐前半小时至1小时吃。

其次，零食量要适度，不能影响正餐。

最后，要注意选择清淡、易消化、有营养、不损害牙齿的小食品，如新鲜水果、果干、坚果、牛奶、纯果汁、奶制品等，不宜选太甜、太油腻的零食。

宝宝食谱推荐

牛奶香杧蛋饼

材 料 牛奶80毫升，杧果1个，鸡蛋1个，面粉120克。

做 法

1. 杧果洗净，去皮，将果肉切成小丁，放入搅拌机里打成泥；鸡蛋打散。

2. 将果泥、蛋液放入面粉中，边搅拌边一点点地倒入牛奶，搅拌至面糊呈可流动状态。

3. 平底锅烧热，取一勺面糊倒入锅中，将两面煎熟即可。

第215天

水果怎么吃效果好

　　水果不是成年人的主要食物，所以为了不影响未来宝宝的饮食习惯，最好以加餐的形式喂养。从营养的角度出发，给宝宝吃水果泥是最好的方式，可将苹果、香蕉等刮成泥直接喂给婴儿，这样既可保证水果中的营养（维生素、纤维素等），又能锻炼进食的能力。

　　1 岁以内，最好选择味道不太甜、酸的水果，以免干扰奶的摄入。很多妈妈为了让宝宝多吃米粉，会把水果加入米粉内喂食。其实，这样会使宝宝出现对主食味道的错觉，不太建议这样做。

宝宝食谱推荐

蔬菜苹果粥

材料 粳米 30 克，苹果 1 个，番茄、圆白菜、芹菜、鲜玉米粒各 10 克，鲜香菇 1 朵。

做法

　　1. 粳米淘洗干净，浸泡 30 分钟；苹果洗净，去皮、去核，切小块；番茄洗净，切块；圆白菜洗净，切丝；芹菜洗净，切粒；鲜玉米粒洗净；鲜香菇洗净，切丁。

　　2. 锅中加入适量水煮沸，放入粳米，大火煮沸后放入准备好的其他材料，再用小火煮至材料软烂即可。

鲜虾火龙果沙拉

材料 鲜虾 50 克，火龙果 100 克，西芹 20 克。

调料 沙拉酱 10 克。

做法

　　1. 鲜虾洗净，放沸水中烫熟，剥皮，去头尾、虾线，切成小丁；火龙果挖出果肉，切成小丁；西芹洗净，切成小丁。

　　2. 将虾肉丁、火龙果丁和西芹丁中加入沙拉酱，搅拌均匀即可。

第 216~217 天

宝宝便秘的治疗方法

宝宝便秘首先要寻找原因。对于 6 个月以上的宝宝，可适当增加辅食，最好将卷心菜、青菜、荠菜等切碎，和蓖麻油一起放入米粥内同煮，做成各种美味的菜粥给宝宝吃。辅食中含有大量 B 族维生素等营养素，可促进肠肌肉张力的恢复，对通便很有帮助。便秘的药疗和食疗固然重要，但除去病因必不可少，必须做到生活有规律、不挑食、少吃寒冷饮食才能根治便秘。

父母需要根据上面提到的方法，结合宝宝的实际情况，不断地、耐心地加以调整，这个过程有可能是几个月，甚至是半年，必须是量变到质变的过程。宝宝的胃肠道神经调节不健全，胃肠功能发育不完善，切忌用药物通便，容易导致胃肠功能紊乱、发生腹泻等。

宝宝食谱推荐

木耳粥

材料 黑木耳 1 朵，粳米 50 克，大枣 2 颗。

调料 冰糖 1 粒。

做法

1. 将黑木耳用凉水浸软，洗净，切丝；大枣洗净，去核；粳米淘洗干净。

2. 锅中水煮沸，加入粳米、黑木耳丝、去核大枣，大火煮开，转小火熬煮至米烂粥稠，加入冰糖溶化即可。

第 218 天

导致挑食的心理因素

有时，宝宝的挑食是源于自我保护。敏感、生性胆小的宝宝，对待新食物会有陌生感，这种感觉会使他们恐惧，结果就是排斥。到现在为止，宝宝基本没有选择食物的权利。当宝宝能够独自进食后，他们开始向家长的权威挑战，通过挑选食物，来表明自己决定事情的态度，这与到底吃什么食物没有直接的关系。

因此，遇到宝宝强烈或激烈反抗吃某种食物，妈妈要学会判断——看他是真的不喜欢吃，还是需要一定的自主空间。此外，食物的外观、气味也会对宝宝产生影响。如果宝宝曾经对某一食物留有不好的印象，也会排斥这一食物。

宝宝食谱推荐

蛤蜊蒸蛋

（材 料）蛤蜊 5 个，虾仁 3 个，蘑菇 2 朵，蛋黄 1 个。

（做 法）

1. 蛤蜊用盐水浸泡至吐净泥沙后，放入沸水中烫至蛤蜊张开，取肉切碎；虾仁、蘑菇洗净，切丁；蛋黄打散。

2. 将蛤蜊碎、虾仁丁、蘑菇丁放入蛋黄液中拌匀，加少许水，放入锅中隔水蒸 20 分钟即可。

小贴士：
鲑鱼含丰富的 DHA，有助于宝宝的脑部发育，同时钙、铁含量丰富，可避免贫血发生。

三色粥

（材 料）菠菜 1 棵，鸡蛋 1 个，鲑鱼肉 50 克，白米粥 70 克。

（做 法）

1. 菠菜叶洗净，氽烫，切成泥；鸡蛋煮熟，取出蛋黄，碾压成泥。

2. 鲑鱼肉洗净，置于蒸锅中蒸 10 分钟至熟，放凉后，碾压成泥。

3. 白米粥倒入锅中，煮沸，加入菠菜泥、蛋黄泥和鲑鱼肉泥，搅拌均匀，再煮 1 分钟即成。

第219天

生吃水果，慎防口过敏症

　　给宝宝生吃水果、蔬菜可能会引起口过敏症。口过敏症属于急性过敏，接触食物后几分钟即可出现，停止喂养后很快能消失。症状严重时，应使用抗过敏药物。遇有口过敏症的水果，应停止进食3~6个月。水果在煮熟或蒸熟后吃，可以避免口过敏症。但是水果蒸熟以后，维生素C会遭到破坏。因此，不太推荐给宝宝提供蒸熟的水果，只建议对生食水果出现口过敏症的宝宝食用蒸熟的水果。

冰糖蒸香蕉

材料 香蕉1~2根。

调料 冰糖少许。

做法

1. 香蕉去皮，切片，放入盘中。

2. 撒上冰糖，放入锅中，隔水蒸10分钟即可。

胡萝卜蛋黄豆腐泥

材料 胡萝卜半根，鸡蛋1个，嫩豆腐50克，豌豆50克。

做法

1. 将胡萝卜洗净，切成小薄片；鸡蛋取黄，打散；嫩豆腐洗净，捣碎；豌豆洗净。

2. 将胡萝卜片、豌豆放入小锅，加水煮开后，加入嫩豆腐碎，转小火继续煮10分钟左右。

3. 汤汁变少后，用大勺将豌豆和胡萝卜碾碎，淋入鸡蛋黄液，继续煮1分钟即成。

第 220 天

添加辅食中期容易出现的问题

喜欢直接吞咽

如果宝宝发现食物太细小且过于松软，就喜欢在不嚼碎的情况下直接将食物吞咽下去。所以，这一阶段，如果发现宝宝喜欢直接吞咽，妈妈可将食物做得松软但又比平时稍微大一点儿，最好做成宝宝一口大小的形状。

不吞咽食物

宝宝不吞咽食物，主要是因为食物颗粒太大或太干。如果这样，妈妈可将食物形状做得稍微小一点儿，或多加水，增加食物黏性，让宝宝吞咽起来更加方便。

饭量不见长

每个宝宝的食量都会有所不同。虽然饭量小，但喜欢吃，且进餐次数足够多，妈妈就无须担心。如果宝宝饭量不见长，可将宝宝喜欢吃的水果切成稍大一些的块喂给宝宝吃，训练宝宝用舌头搅拌、挤碎食物。

宝宝食谱推荐

鸡丝汤面

材　料 鸡蛋面条 100 克，鸡肉 50 克，紫菜 5 克。

做　法

1. 鸡肉洗净，切丝，置于小碟中备用；紫菜泡软，撕碎。

2. 将鸡丝置于蒸锅中蒸熟，再起油锅，将鸡丝煸炒 1 分钟。

3. 锅中加少许水煮开，撇去浮沫，加入撕碎的紫菜拌匀，关火。

4. 将鸡蛋面条煮熟，捞出，再将鸡丝和紫菜浇在煮熟的面条上即成。

第221~222天

良好饮食习惯可预防胃炎

预防胃炎的重点是把好"进口"关。

进食最好实行分餐，即使是自家人也要分餐具。宝宝应有自己的专属餐具，而且餐具要定时消毒。

还有一些慢性胃炎，是由不良饮食习惯引起的，所以从小培养良好的饮食习惯也很重要。宝宝吃饭要定时定量、少量多餐，注意营养搭配，少吃辛辣刺激的食物。另外，还要避免挑食、偏食，不要过饥或过饱；不吃过多的冷饮；不要零食或糖果等不离口。这些都容易使胃肠功能紊乱、胃黏膜的抵抗力下降而患慢性胃炎。此外，还要减少宝宝情绪波动和劳累等因素，保证宝宝睡眠充足，加强体格锻炼。

宝宝食谱推荐

丸子面

（材料）龙须面 50 克，肉末 100 克，黄瓜 20 克，黑木耳 1 朵，葱花适量。

（做法）

1. 肉末按顺时针方向搅拌，分 3 次加几滴水，挤成肉丸；将黑木耳洗净，切碎；黄瓜洗净，切丝。

2. 将面条煮熟，盛入碗中。

3. 将肉丸、黑木耳碎放入锅中煮熟后，捞出放在面碗中，撒上葱花、黄瓜丝即可。

番茄通心粉

（材料）通心粉 50 克，牛肉末 20 克，番茄 1 个，洋葱 20 克，大蒜 2 粒。

（调料）番茄酱 50 克，黄油（或橄榄油）10 克。

（做法）

1. 番茄洗净，切丁；大蒜、洋葱切碎。

2. 锅中加水煮开后，放入通心粉煮 8 ~ 10 分钟，盛出过凉水沥干，装盘。

3. 锅烧热，放入黄油（或橄榄油），烧至五成热，放入牛肉末炒至变色，放入蒜碎、洋葱碎翻炒 1 分钟，再放入番茄丁、番茄酱翻炒 2 分钟。

4. 将炒好的料汁淋在通心粉上，拌匀即可。

第 223~224 天
DHA、ARA，宝宝聪明不能少

DHA，学名二十二碳六烯酸，俗称"脑黄金"，对脑神经传导和突触的生长发育有极其重要的作用。

ARA，学名花生四烯酸，是构成、制造细胞膜的磷脂质中的一种脂肪酸，与脑部关系特别密切，关系到宝宝的学习及认知应答能力。

如何补充 DHA、ARA

坚持母乳喂养：母乳中含有均衡且丰富的 DHA 和 ARA，可以帮助宝宝大脑最大限度地发育。如果妈妈因为种种原因无法进行母乳喂养，而选择用婴儿配方奶哺喂宝宝时，应该选择含有适当比例 DHA 和 ARA 的奶粉。

膳食补充：对于宝宝的辅食，妈妈要注意多选择含 DHA 和 ARA 的食物，如深海鱼类、瘦肉、鸡蛋及猪肝等。值得注意的是，DHA 和 ARA 易氧化，最好与富含维生素 C、维生素 E 及 β－胡萝卜素等有抗氧化作用的食物一同食用。

宝宝食谱推荐

番茄炖鱼

材料 草鱼肉 100 克，番茄 100 克，葱末、姜末适量。

材料 料酒少许，花椒粒适量。

做法

1. 草鱼肉洗净切块，沥干水分后加料酒、葱末、姜末腌制 5 分钟；番茄洗净，切块。

2. 锅中放底油、下花椒粒煸香后滤掉，下番茄块炒至浓稠状，加清水大火煮沸。

3. 开锅后加入腌制的鱼块，大火煮沸，再小火炖10分钟，撒上适量葱末即可。

第225天

有助于开胃的食材及处理方法

茴香苗

将小茴香苗洗净，切碎，稍加食盐、芝麻油，凉拌当菜吃，每日小半盘。也可将小茴香苗加少许肉馅包馄饨、饺子或包子，让宝宝进食。食量要由少增多，不可过量。

橘皮

鲜橘子皮洗净，切成条状、雪花状、蝴蝶状、小动物状等各式各样小块，加上适量白糖拌匀，置阴凉处一周。宝宝用餐时取出少许当菜食之，每日2次。

玫瑰花

鲜玫瑰花摘下后，加适量白糖，密封于瓶罐内，一个月后启封。将少许玫瑰花糖加入汤内，让宝宝吃。

大枣

如果宝宝面黄肌瘦，时常腹泻，可用大红枣5～10枚，洗净，煮熟，去皮、去核食之，也可与大米煮粥食之。

山药

将山药去皮，洗净，切成薄片，用清水浸泡半天，再加大米少量煮成稀粥。

宝宝食谱推荐

鳗鱼蛋黄油菜粥

材料 熟（烤）鳗鱼50克，大米30克，蛋黄1个，小油菜1棵。

做法

1.熟（烤）鳗鱼去刺，切碎；小油菜洗净，切碎；大米洗净，浸泡1小时。

2.将大米加水煮粥，快熟时加入蛋黄，搅匀。

3.出锅前加入小油菜碎和熟（烤）鳗鱼碎，稍煮即可。

第226天

营养不良的判定标准

目测来看，营养不良的宝宝表现为面黄肌瘦、皮下脂肪薄、肌肉松弛等。城市宝宝的《围产期保健手册》附录中单列出了宝宝从出生到6岁的体重及身高的参考值，妈妈可以将宝宝在相应年龄段的体重及身高与这两张表对照。如果宝宝的体重与身高远远低于参考值，就可以断定宝宝太瘦了，那么宝宝就是营养不良了。

宝宝食谱推荐

水果酸奶

材 料 葡萄干50克，荔枝肉100克，香蕉半根，酸奶适量。

做 法

1. 葡萄干洗净，浸泡30分钟；荔枝去壳，肉撕成小块；香蕉去皮，切片。

2. 将香蕉片、葡萄干、荔枝肉块混在一起，置于小碗内，淋上酸奶拌匀即成。

鸡肉菠菜糊

材 料 鸡腿肉100克，菠菜100克，米粉适量。

做 法

1. 鸡腿肉去除筋膜、肉皮，煮熟后加一点儿水，放入料理机中打成泥；菠菜洗净，煮熟，放入料理机中打成泥。

2. 将菠菜泥、鸡肉泥与米粉混合拌匀即可。

第 **227** 天

瘦宝宝如何调理

增强体质，重在调理

宝宝胃口小或存在吃得不少但吸收不好的情形，妈妈要精心挑选、烹制，能提供均衡营养素并且易吸收的食物。

创设良好的居住环境，居室要阳光充足、空气新鲜。改变宝宝不良的睡眠习惯、饮食习惯，培养作息规律的生活方式。加强体格锻炼非常重要，多带宝宝到户外进行适宜的运动，以增强体质，抵御疾病。

宝宝食谱推荐

鳕鱼油菜粥

（**材　料**）大米 20 克，鳕鱼 100 克，油菜 50 克，肉汤（或水）适量。

（**做　法**）

1. 大米洗净，用水浸泡半小时；鳕鱼用沸水焯 5 分钟后用研磨器碾碎；油菜焯水 30 秒后用冷水冲洗，沥水后切碎。

2. 将大米和肉汤（或水）放入锅中，大火煮沸后转成小火，煮至米烂。

3. 锅中加入鳕鱼泥和油菜碎，再煮 10 分钟，搅拌均匀即可。

番茄鸡蛋面

（**材　料**）面条 50 克，番茄 1 个，鸡蛋 1 个。

（**做　法**）

1. 番茄洗净，用开水烫去皮，切成小块；鸡蛋打散，取蛋黄液。

2. 锅中放少许油烧热，倒入蛋黄液翻炒 3 分钟，出锅。

3. 起油锅，倒入番茄翻炒至软烂，再加入已经炒好的蛋黄，加入适量水，搅拌均匀。

4. 面条煮熟，捞出，把炒好的番茄鸡蛋卤浇在面条上，拌匀即可。

第 228 天

经常给宝宝吃益生菌，调节肠道功能

宝宝出生脱离母体后，只有稳定和提高自身的消化吸收能力，才能提高免疫力。

益生菌的主要作用是帮助宝宝建立健康的胃肠道环境。由于肠道黏膜上存有免疫细胞，这些细胞的激活物是肠道内的正常细菌，包括双歧杆菌、乳酸杆菌等。所以，益生菌在调整肠道功能的前提下，会通过刺激肠道免疫细胞，调节全身免疫。高纯度（每克含 100 亿以上）的益生菌对过敏体质的治疗也非常有帮助。

服用抗生素期间出现腹泻时，服用益生菌可纠正肠道菌群失调，服用时间可与抗生素间隔至少 2 个小时。如果益生菌服用后效果不明显，应服用乳糖酶或将普通配方奶换为无乳糖配方。停用抗生素后，仍须坚持益生菌或乳糖酶 1 ~ 2 周。

妈妈要注意，益生菌不可以用超过 37℃ 的热水冲食。另外，最好在饭后 1 小时服用。

宝宝食谱推荐

杂果酸奶沙拉

材　料 原味酸奶 150 毫升，哈密瓜 1 小块，火龙果半个。

做　法

1. 火龙果去皮，哈密瓜去皮、去瓤，分别取果肉，切碎。

2. 把火龙果碎、哈密瓜碎一同放入容器中，淋上原味酸奶拌匀即可。

第229天

豆腐有益，不宜多吃

豆腐作为食药兼备的食品，具有益气、补虚等多方面的功能。据测定，一般100克豆腐含钙量为140～160毫克。此外，豆腐又是植物食品中含蛋白质比较高的，含有人体必需的8种氨基酸，还含有动物性食物缺乏的不饱和脂肪酸、卵磷脂等。因此，如果宝宝常吃豆腐不仅可以保护肝脏，促进机体代谢，还可以增加免疫力并且有解毒作用。

豆腐不仅营养价值高，而且口感软嫩，所以不少家长都会给宝宝吃豆腐。一般情况下，宝宝半岁以上就可以吃豆腐。但要注意，豆腐有益，但不宜天天给宝宝吃，也不宜一次给宝宝吃太多。

宝宝食谱推荐

豆苗拌豆腐

材　料 鲜豆苗50克，嫩豆腐100克。

调　料 香油2滴。

做　法

1. 将鲜豆苗洗净，放入开水中氽烫2分钟，捞出后切碎。

2. 嫩豆腐洗净，切小块，放入沸水锅中中火煮5分钟，盛出放凉。

3. 将鲜豆苗碎撒在嫩豆腐块上，淋上香油拌匀即可。

番茄鸡蛋燕麦汤

材　料 番茄1个，鸡蛋1个，嫩豆腐50克，速食燕麦1大匙。

做　法

1. 番茄洗净，切块；鸡蛋取蛋黄，打散；嫩豆腐切小块。

2. 锅中加少许油烧热，放入蛋黄液炒散，盛出。

3. 锅中留底油，下番茄炒软，倒入适量水煮沸，放入速食燕麦和豆腐块。

4. 再次煮沸后，把炒好的蛋黄放入锅中，盖盖煮2～3分钟即可。

第 230~231 天
给宝宝吃动物肝脏，要选对

在能量和脂肪含量上，几种动物肝脏略有差别，其中牛肝和羊肝的能量最高。

而蛋白质的含量，以猪肝和牛肝为最高，鸭肝的蛋白质最少。

维生素 A 也是动物肝脏中非常重要的维生素，牛肝和羊肝的含量最高。

动物肝脏中的胆固醇含量都比较高，其中羊肝、鸡肝和鸭肝的胆固醇最多，鹅肝和猪肝略少一些。

铁含量以猪肝和鸭肝最为丰富，并且消化吸收率很高。

而其他矿物质，如锌的含量以猪肝和牛肝较高。

值得一提的是，鸭肝中钙的含量是其余几种的 2.5 ~ 9 倍。鸭肝中硒的含量也远远高于其他，鸡肝次之。同时，鸭肝和鸡肝质地细腻，更适合宝宝食用。

宝宝食谱推荐

肝泥粥

 材料 猪肝 100 克，白菜嫩叶 150 克，粳米、小米各 30 克。

 做法

1. 猪肝洗净，切片，用开水汆烫后剁成泥；白菜嫩叶洗净，切成细丝；粳米、小米淘洗干净。

2. 起油锅，煸炒猪肝至变色，加适量水大火烧开。

3. 将洗净的粳米、小米倒入锅中，煮沸后转小火煮 20 分钟至软烂，加入白菜丝煮软即成。

第 **232** 天

启用专用婴儿餐椅

　　婴儿餐椅最好选择组合式餐椅，这种餐椅由小桌子、小椅子和托盘三部分组成。

　　进餐时宝宝坐在小椅子上，高度恰好与大人一致，正好占据家庭餐桌的一个餐位，方便宝宝与家人一起进食。食物可以放在餐盘上，让宝宝自己抓着吃，也可以由大人喂食。

　　多数宝宝在刚开始使用专用餐椅时，都会嫌被限制、不自由。这是个习惯问题，给他时间，逐渐就能接受了。

　　宝宝在餐椅上进食时，身边不能离人，以免宝宝掉下来。即使宝宝被固定得很好，也不能完全依赖这些内置的安全措施。

　　别让宝宝坐在椅子上的时间超过一顿饭，开始时宝宝很难在没有支撑的情况下坐那么久。

宝宝食谱推荐

红薯粥

材　料　粳米 30 克，红薯 30 克，配方奶 100 毫升。

做　法

　　1. 粳米洗净，加水浸泡 1 小时；红薯洗净，去皮，切成小丁。

　　2. 锅中放入适量的水煮沸，下粳米和红薯丁，大火煮沸后转小火煮 30 分钟，倒入配方奶煮开即可。

第 233~234 天
喂养不当和饮食失调

由于宝宝生长发育速度快，对热量及营养物质需要相对多，但其消化系统功能尚未发育成熟，消化酶活力低，神经系统调节功能亦不完善。所以喂食过量、添加辅食太快、骤然断奶或改变食物品种等，都会增加宝宝消化功能的负担，会引起消化功能紊乱而导致宝宝腹泻。

非感染性腹泻应从饮食调整入手，主要注意调整宝宝的饮食结构、饮食习惯和饮食规律，停止吃不适宜的食物，多饮水以防止脱水，大部分宝宝都可以自愈。千万不要随意使用抗生素，否则极可能引起肠道菌群紊乱，加重腹泻程度。

宝宝食谱推荐

鳕鱼南瓜糊

材料 鳕鱼肉 100 克，南瓜 100 克。

做法

1. 南瓜去皮、去瓤；鳕鱼肉洗净。

2. 将南瓜和鳕鱼肉一起放入蒸锅中，水开后蒸 10 分钟。

3. 将蒸熟的南瓜和鳕鱼肉碾成泥，拌匀即可。

白菜烂面条

材料 挂面 50 克，白菜叶 100 克。

做法

1. 白菜叶洗净，切丝。

2. 锅中加水煮沸，挂面掰成小段后放进锅里，再次煮沸后转小火煮 5 分钟左右。

3. 锅中加入白菜叶丝，继续煮 2 分钟即可。

小贴士：
白菜含有丰富的维生素 C，此外还含有钙、磷和铁等元素，可给宝宝多吃些白菜。

第235~236天
多吃健脑食物，宝宝越来越聪明

鸡蛋

鸡蛋含有较多的卵磷脂，可增加脑中乙酰胆碱的释放，提高宝宝的记忆力和理解接受能力。

大豆

大豆含丰富的优质蛋白和不饱和脂肪酸，是脑细胞生长和修补的基本成分；大豆还含有1.64%的卵磷脂、铁及维生素等，适当摄取可增强和改善儿童的记忆力。

鱼类

鱼肉含球蛋白、白蛋白及大量的不饱和脂肪酸，还含有丰富的钙、磷、铁及维生素等，适当摄取，可增强和改善宝宝的记忆力。

葱、蒜

葱、蒜中都含有前列腺素A，蒜中还含有"蒜胺"，这种物质对大脑的益处比维生素 B_1 还强许多倍。让宝宝吃些葱、蒜，可使脑细胞的生长发育更加活跃。

核桃

桃桃仁含40%~50%的不饱和脂肪酸。不饱和脂肪酸是大脑不可缺少的材料，构成大脑细胞的物质中约有60%是不饱和脂肪酸。宝宝常吃核桃仁，对大脑的健康发育很有好处。

宝宝食谱推荐

豆腐芹菜汤

材料 鲜豆腐100克，芹菜100克。

做法

1. 鲜豆腐洗净，切成小块，放入清水中浸泡半小时；芹菜洗净，取茎秆部分，切碎。

2. 起油锅，倒入豆腐块，中火煎1分钟，加适量水，大火煮沸后转小火再煮20分钟。

3. 加入芹菜碎，煮3分钟即成。

第 **237~238** 天

各种维生素的作用与来源

维生素名称	作用	摄入不足造成的后果	主要食物来源
维生素 A	能促进生长发育，保护上皮组织结构完整	导致夜盲症、眼干燥症、发育迟缓、免疫功能较差、易患感冒等呼吸道疾病	肝、肾、鱼肝油、蛋黄、绿叶菜和深黄色水果
维生素 B₁	能帮助碳水化合物转化成大脑发育所需的能量，促进神经信息传导	影响脑细胞的正常功能，特别是神经组织	全麦、燕麦、花生、猪肉、番茄、茄子、小白菜、牛奶等
维生素 B₂	被称为"成长的维生素"，并维持神经和心脏活动	可发生口角炎	麦、蔬菜（蔬菜食品）、酵母等
维生素 B₃（烟酰胺）	能有效促进新陈代谢，帮助婴幼儿长得又高又大	会引发头痛、呕吐、腹泻和皮炎，严重时甚至可以导致智能障碍	麦、蔬菜（蔬菜食品）、酵母等
维生素 B₆	是氨基酸和脂肪代谢所必不可少的元素	导致体重不足、生长发育迟缓、智力低下等	麦、蔬菜（蔬菜食品）、酵母等
维生素 B₁₂	促进红细胞成熟	引起贫血	肝、肉、蛋、乳、酵母等
维生素 C	增强身体抵抗力，促进生长和解毒	抵抗力下降，易感冒生病	各种蔬菜、水果、红枣
维生素 D	帮助钙吸收，促进骨骼、牙齿生长发育	走路容易跌倒，个子长不高	肝、蛋黄、鱼肝油
维生素 E	免疫力的强化剂，帮助免疫系统更好发育	可影响儿童免疫力，降低抗病能力	花生、芝麻、蛋黄、牛乳、麦芽、菠菜、酵母、大豆、玉米

橙子萝卜汁

材 料 橙子 1 个，白萝卜 150 克。

做 法

1. 橙子去皮，切小块；白萝卜洗净，去皮，切条。

2. 橙子块和白萝卜条分别放入榨汁机中榨汁，榨出的橙汁和白萝卜汁都盛入小碗，混合均匀即成。

第 239~240 天

有助于提升免疫力的食材

富含维生素 A 的食物

维生素 A 有助于增强机体免疫力，并使人获得抗感染的效果。可选用胡萝卜、苋菜、菠菜、南瓜、红黄色水果、动物肝、奶类等食物来补充维生素 A。

富含维生素 C 的食物

维生素 C 能将食物内蛋白质所含的胱氨酸还原成半胱氨酸，半胱氨酸是抗体合成的必需物质，故维生素 C 有间接地促进抗体合成、增强免疫的作用。各类新鲜绿叶蔬菜和各种水果都是补充维生素 C 的好食材。

富含锌的食物

富含锌的食物有助于机体抵抗感冒病毒，锌还可以增强机体细胞免疫功能。肉类、海产品和家禽含锌最为丰富，各种豆类、坚果类以及各种种子也是较好的含锌食品。

富含铁质的食物

体内缺乏铁质，可引起 T- 淋巴细胞和 B- 淋巴细胞生成受损，吞噬细胞功能削弱，免疫功能降低。而富含铁质的食物，可使上述情况得到纠正，达到对抗感冒病毒的目的。

宝宝食谱推荐

排骨炖菜花

 材 料 排骨 100 克，西蓝花、菜花各 50 克，番茄、胡萝卜各 30 克，干黄花菜 20 克。

做 法

1. 排骨洗净，切块，放入沸水中汆烫后捞出；西蓝花、菜花洗净，掰成小朵；番茄洗净，切块；胡萝卜洗净，去皮，切片；干黄花菜泡软，切除根部。

2. 锅中倒入半锅水，放入排骨块，大火煮沸后，加入其他食材，煮软即可。

菠菜牛肉粥

材　料 菠菜 80 克，牛肉糜 100 克，粳米 50 克，香葱花 5 克。

调　料 生抽 1 茶匙，香油少许。

做　法

1. 菠菜择洗干净，放入滚水中略微汆烫后捞出，切碎；牛肉糜加入生抽腌 5 分钟；粳米淘洗干净。

2. 锅中加入 500 毫升清水，大火烧开后，放入粳米，沸腾后改用小火熬制 1 小时。

3. 锅中放入腌好的牛肉糜，再煮滚后，放入菠菜碎，加入香葱花、香油调味即可。

365天

宝宝怎么吃每日一读

9个月

细嚼型辅食适量增加膳食纤维

9个月的宝宝

这个时期大部分宝宝已经长出牙齿，能扶着床栏站立，会拍手，会用手选择自己喜欢的玩具玩，会自己吃饼干。宝宝也有了咀嚼能力，可以给他提供硬一点儿的东西啃咬，这样有利于乳牙萌出。

9个月 宝宝喂养指导

这个月的哺喂原则与第 8 个月大致相同。长出牙齿以后，可以增加一些粗纤维的食物，如茎秆类蔬菜，如土豆、白薯等含碳水化合物较多的食物。

每天喂奶次数可以从 3 次逐渐减到 2 次。每天哺乳 600 ~ 800 毫升就足够了。而辅食要逐渐增加，为断奶做好准备。

饮食中应注意添加面粉类的食物，其中的碳水化合物可为宝宝提供每天活动和生长所需的热量，其中含有的蛋白质，可促进宝宝身体组织的生长发育。

增加粗纤维食物时，要将粗的、老的部分去掉，以免难以咀嚼，影响宝宝的进食兴趣。

宝宝的肠道对油脂的吸收能力还不是很强，因此不能进食油脂含量高的食物，如五花肉、未去油的高汤等，以免引起腹泻。

从 9 个月起，宝宝可以接受的食物明显增多，应试着逐渐增加宝宝的饭量，使宝宝对营养的摄取由以奶为主，转为以辅食为主。

由于宝宝的食物构成正逐渐发生变化，选择食物要得当，烹调食物要尽量做到色、香、味俱全，以适应宝宝的消化能力，并引起宝宝的食欲。

让宝宝自己使用杯子、勺子

在保证卫生的情况下，可以让宝宝自己拿勺子，自己把食物拿在手里吃。宝宝会在这个过程中使大脑得到锻炼。

如果宝宝自己拿奶瓶喝东西，可以把少量水或者奶粉、果汁倒在杯子里给宝宝喝。

第一次尽量用带两个手把的带盖的杯子。逐渐熟悉后，宝宝就能自己端着水杯喝水了。

预防贫血，多给宝宝吃牛肉

牛肉营养丰富，其蛋白质含量很高，氨基酸组成适合人体的需求，且含有较多的矿物质，如钙、铁、硒等。尤其是铁元素的含量较高，且是比较容易被人体吸收的动物性血红蛋白铁，较适合 6 个月到 2 岁容易出现生理性贫血的宝宝食用。

牛肉普遍质地致密，肌肉纤维粗硬，但是牛里脊部分的肉比较柔软，妈妈可以选择这部分肉给宝宝吃。

在制作牛肉餐时，要比其他肉类做得更烂一些。做之前可以先用水淀粉腌 20 分钟左右。切牛肉的时候可以横切，也就是垂直于牛肉的纹理切，这样容易将牛肉的肌纤维横断切成小丁，易嚼碎。在炖牛肉的时候可以加入一些山楂和橘皮，有助于将牛肉煮得更烂。烹饪方法尽量用蒸、煮、炖的方式，因为炒的牛肉不容易烂。

宝宝食谱推荐

胡萝卜牛肉汤粥

材 料 胡萝卜 100 克，牛肉汤 250 毫升，粳米 50 克。

做 法

1. 胡萝卜洗净，去皮，切片，蒸熟后压成泥；粳米洗净，加水浸泡 1 小时。

2. 牛肉汤去除浮油，倒入锅中，大火煮开。

3. 锅中倒入粳米及浸米的水，大火煮开后转小火熬煮 20 分钟左右。

4. 锅中加入胡萝卜泥，继续煮 5 分钟即可。

第 242~243 天
不要盲目地给宝宝过量补锌

有些妈妈一听说宝宝缺锌，除了给宝宝服用锌制剂外，同时还让宝宝吃很多强化锌的食品，并长期以此类食品代替普通食物。锌对宝宝的生长发育固然不可缺少，但也并非多多益善，补充过多也有害。

补锌过量可使吞噬细胞的功能被抑制，杀菌能力下降，免疫功能被削弱，影响铁在体内的吸收和利用，使血液、肝脏、肾脏等器官含铁量下降，导致缺铁性贫血发生；还会刺激消化道黏膜，使宝宝产生恶心、呕吐、消化不良及腹部疼痛等不适症状；此外，还会导致宝宝体内性激素增多，引起性早熟。因此，妈妈在为宝宝补锌时，切不可盲目乱补，一定要在医生指导下合理补充。

宝宝食谱推荐

奶酪蛋饺

材料 鸡蛋 1 个，奶酪片 1 片。

做法

1. 鸡蛋打散，充分搅拌。

2. 平底锅中刷少许油（油少到不能有流动感），中火加热 1 分钟，倒入蛋液，转动锅，使蛋液流动并均匀地铺在锅底，成为一个圆形。

3. 趁蛋液面尚未完全熟透时，将奶酪片置于蛋液面上，并马上将蛋饼对折成蛋饺形状，将蛋饺翻面，继续煎 1 分钟即成。

第 244 天

为什么添加辅食后宝宝瘦了

孩子体重增长缓慢，可能与以下 3 种情况有关。

①进食绝对量不够：不是指某营养素不足，而是全面营养素进食不够。

②胃肠消化和吸收不良：若食物性状超过咀嚼和胃肠接受能力，导致大便内有原始食物颗粒，意味消化不良；若大便性状好，但排便量多，意味吸收不良；若两者皆有，意味消化吸收不良。

③慢性病：比如过敏、慢性腹泻、先天性心脏病、反复呼吸道感染等也会造成孩子体重增长缓慢。

宝宝食谱推荐

冬瓜肝泥卷

材 料 冬瓜 50 克，猪肝 30 克，馄饨皮 10 张。

做 法

1. 冬瓜去皮、去瓤，洗净后切成末；猪肝洗净后加水煮熟，剁成泥。

2. 将冬瓜末和猪肝泥混合，搅拌成馅，用馄饨皮包好，上锅蒸熟即可。

西蓝花酸奶糊

材 料 西蓝花 250 克，酸奶 100 毫升。

做 法

1. 将西蓝花洗净，倒入开水中，用中火煮 3 分钟至熟，捞出沥水并切碎。

2. 将西蓝花末置于小碗内，倒入酸奶拌匀即可。

第 245 天

如何提高宝宝免疫力

宝宝出生时从母乳中得到的免疫力一般可以维持 6 个月左右。之后，他自己的免疫系统会逐渐发育，到 3 岁时相当于成年人的 80% 左右。因此，宝宝在婴幼儿时期免疫力较低，容易生病，妈妈要帮助宝宝完善免疫系统。

母乳喂养： 坚持母乳喂养可提高免疫力。初乳喂养，可帮助宝宝安全度过出生后的前 6 个月。

适当锻炼和充足睡眠： 适当运动有助于宝宝血液循环，帮助消化，改善胃口。运动锻炼也有助于宝宝的休息。因为充足的睡眠，也是提高免疫功能的关键。

轻微感染不可怕： 轻微感染时，宝宝体内产生抗体的过程会有助于自然免疫力发展。一尘不染的环境，反倒不利于宝宝免疫系统的发育。

食物辅助： 饮食均衡可以提升身体的防御功能。不要吃得过饱，应避免脾胃负担过重而导致消化功能紊乱。减慢进餐速度能帮助消化、强健脾胃，从而提高免疫力。多喝水可以保持黏膜湿润，成为抵挡细菌的重要防线。

宝宝食谱推荐

猪蹄汤

材料 猪蹄 1 只。

做法

1. 将猪蹄收拾干净，切小块，用热水氽烫后捞出沥水。

2. 砂锅中加水，放入猪蹄块，大火煮开，改小火煲 3 ~ 4 个小时即可。

小贴士：
猪蹄含有丰富的胶原蛋白质，脂肪含量也比肥肉低，并且不含胆固醇，能满足宝宝成长需要。经常喝猪蹄汤，可以增强宝宝皮肤的弹性，增强身体抵抗力。

第 246 天

夜啼宝宝的饮食调理

夜啼，是宝宝白天一切如常，入夜则啼哭不安，或者宝宝每夜定时啼哭，甚则通宵达旦啼哭。引起宝宝夜啼的原因很多，如发热、受惊吓，口疮、饥饿以及尿布潮湿等。其中有些是宝宝的一种正常反应，有些则是病态。夜啼应与宝宝因夜间饥饿或尿布潮湿而啼哭，以及因发热或因其他不适而突然发生的夜间啼哭相区别。

应少给夜啼宝宝吃易产气的食物，如苹果、甜瓜、巧克力等甜的食物，奶粉不要冲太浓。对有腹胀症状的宝宝，可给适量的温开水，并轻轻按摩其腹部，让宝宝通过打嗝、放屁、排便等将气体排出，就可改善其不舒服的状态。对因饥饿或尿布潮湿引起的宝宝夜啼，应及时发现并采取措施。通常，在吃奶或换尿布后，宝宝的哭啼夜啼即可停止。

宝宝食谱推荐

黄瓜鸡蛋汤

材 料 黄瓜 100 克，鸡蛋 1 个，虾仁 4 个。

调 料 香油 1 滴。

做 法

1. 黄瓜洗净，切成薄片；鸡蛋打散；虾仁用开水汆烫一下，捞出沥水。

2. 锅中加水，大火煮沸，放入黄瓜片、虾仁，中火煮 3 分钟。

3. 将蛋液淋入锅中，煮 1 分钟左右至蛋熟，滴入香油即成。

第 247 天

合理添加蛋白质

动物性蛋白

由动物性食物提供的蛋白质，就是动物性蛋白。动物性蛋白质生理价值很高。例如，人乳中的蛋白质最适合人体的需要，因此是宝宝最好的食品；肉类蛋白质可以改善各类蛋白质缺乏的状况；鸡蛋具有优良的蛋白质，好消化，吸收率达95%以上，是非常好的蛋白质来源之一。

植物性蛋白

由植物提供的蛋白质称为植物性蛋白。在植物性蛋白质中，谷类、豆类在供给蛋白质方面有重要意义。例如，黄豆中含有较丰富的必需氨基酸，其中赖氨酸较多，可以用来补充谷类蛋白质所缺乏的必需氨基酸。利用蛋白质的这种互补作用进行食物搭配，可以大大提高谷类蛋白质的生理价值。因此，膳食中添加豆制品是必要的。

宝宝食谱推荐

肉丁西蓝花

材　料 猪瘦肉 100 克，西蓝花 100 克。

调　料 水淀粉 5 克。

做　法

1. 猪瘦肉洗净，切丁，加水淀粉拌匀；西蓝花洗净，掰成小朵，入沸水中焯烫后捞出。

2. 锅置火上，倒入适量油，烧至五成热时，倒入猪瘦肉丁，中火翻炒至变色。

3. 锅中加入西蓝花，翻炒 2 分钟即可。

养眼护脑的鸡肝辅食

　　鸡肝营养丰富，含有蛋白质、钙、磷、锌、铁、维生素 A、B 族维生素等。

　　鸡肝含铁量大，是宝宝补铁最常用的食物。鸡肝中维生素 A 的含量远远超过奶、蛋、肉、鱼等食品，能保护宝宝眼睛，维持正常视力，防止眼睛干涩、疲劳。鸡肝还能补充维生素 B_2，维生素 B_2 是人体生化代谢中许多酶和辅酶的组成部分，在细胞增殖及皮肤生长中发挥着间接作用，可以帮助宝宝排出体内的毒素。鸡肝中还具有一般肉类食品不含的维生素 C 和硒，能增强宝宝的免疫力。

宝宝食谱推荐

鸡肝芝麻粥

材料 鸡肝 100 克，鸡汤 300 毫升，米饭 1 碗，熟芝麻 5 克。

做法

1. 鸡肝洗净，切片，汆烫捞出。

2. 锅中换水，大火烧开，倒入鸡肝，中火煮 10 分钟，捞出后置于研磨碗中磨成泥。

3. 将鸡汤倒入锅中，大火烧开，加入鸡肝泥，中火煮至糊状，出锅。

4. 另起锅加水，倒入米饭，熬煮 10 分钟，加入鸡肝糊与熟芝麻，搅拌均匀即可。

鸡肝胡萝卜粥

材料 鸡肝 100 克，胡萝卜 100 克，米粥 1 碗，高汤 200 毫升。

做法

1. 鸡肝洗净，切片；胡萝卜洗净，去皮，切块。

2. 将鸡肝片和胡萝卜块一同放入蒸锅，蒸 10 分钟。

3. 出锅后，鸡肝用研磨碗磨成泥，胡萝卜用勺子碾成泥。

4. 高汤倒入锅中，大火烧开，加煮好的米粥煮沸，再将鸡肝泥、胡萝卜泥加入粥内，拌匀煮 2 分钟即可。

第250~251天

打造合理的饮食结构

在给宝宝添加辅食时，妈妈更要关注的是饮食结构，而不仅仅是品种。宝宝每次进食都要合理搭配，不要集中在 1~2 类食物上，而要组合富含蛋白质（肉类、鸡蛋）、脂肪（奶类）、碳水化合物（粮食）、维生素（蔬菜、水果）的食物。

1 岁前，都应以母乳或婴儿配方奶粉为主食；辅食中首先要考虑碳水化合物的摄入量，以婴儿营养米粉、稠粥或烂面条为主，并在此基础上添加蔬菜、鸡蛋黄和（或）肉泥。由于蔬菜、水果中含能量极少，所以碳水化合物食物是辅食中的主食，至少应占每次喂养量的一半。

在过渡到成年人的饮食之前，伴随着宝宝身体的发育，饮食结构需要定期进行调整，以免出现营养不良。只要妈妈把握好以上几项原则，在均衡饮食（母乳、婴儿配方奶、婴儿营养米粉）的基础上丰富饮食即可，没有必要再额外添加营养品。

宝宝食谱推荐

蒜泥茄子

材　料 长茄子 100 克，大蒜 1 瓣。

调　料 生抽、醋、白糖各 5 克，香油数滴。

做　法

1. 长茄子洗净，去皮，切片，放入锅中隔水蒸熟后放凉。

2. 大蒜洗净，去皮，捣成泥，放在蒸好的茄子片上。

3. 生抽、醋、白糖放入锅中煮沸后淋在蒜泥茄子上，再滴入香油，拌匀即可。

第252天

合理制作米、面等主食

淘米时，随着淘米次数、浸泡时间的增加，米、面中的水溶性维生素和无机盐容易损失。做粥时，大量维生素、无机盐、碳水化合物甚至蛋白质会溶于米汤中，如丢弃米汤不吃，就会造成损失。熬粥、蒸馒头时加碱，会破坏维生素 B$_1$ 和维生素 C。很多油炸食品，如炸薯条等，经过高温油炸，营养成分基本已损失殆尽。总之，在制作米、面食品时，最好用蒸、烙等烹饪方式，不宜用水煮和油炸，以减少营养素的损失。

宝宝食谱推荐

三角面片

材料 馄饨皮 10 个（或等量的面片），西芹 100 克，高汤 500 毫升。

做法

1. 将馄饨皮（或面片）切成小三角形；西芹洗净，去叶，切碎。

2. 锅中倒入高汤，大火煮开，下入三角面片煮熟，加入碎西芹，再次煮沸即可。

鸭肉粥

材料 鸭肉 100 克，大米 30 克。

调料 生抽 1 茶匙。

做法

1. 大米洗净；鸭肉洗净，切小块，用生抽腌 30 分钟，开水汆烫至变色后捞出，冲净。

2. 汤锅中放入适量水，水开后放入大米，大火煮沸，再改小火煮 20 分钟。

3. 锅中放入汆烫好的鸭肉块，煮至米烂粥稠即可。

第 **253** 天

合理烹调蔬菜，留住营养

蔬菜含有丰富的水溶性 B 族维生素、维生素 C 和无机盐，如果烹调加工方式不当，这些营养素很容易被破坏而损失。比如，把嫩黄瓜切成薄片凉拌，放置 2 小时，维生素损失 33%～35%；放置 3 小时，损失 41%～49%。炒青菜时若加水过多，大量的维生素溶于水里，维生素也会随之丢失。包馄饨时，先煮一下青菜，挤出菜汁后再拿来拌馅儿，维生素和无机盐的损失则更为严重。

宝宝食谱推荐

蜜汁红薯

（**材 料**）红心红薯 1 个。

（**调 料**）冰糖 1 汤匙。

（**做 法**）

1. 红心红薯洗净，去皮，切条。

2. 锅内加水，把冰糖放入熬成汁，然后放入红心红薯条，待烧开后撇去浮沫，用小火焖熟。

3. 汤汁黏稠时先把红薯条夹出摆盘中，再浇上冰糖汁即可。

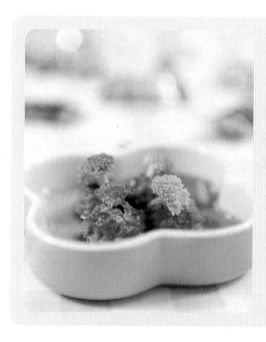

花菜小王子

（**材 料**）五花肉末 300 克，西蓝花 100 克。

（**调 料**）生抽 3 克，香油 1 克，干淀粉 5 克，水淀粉 5 克。

（**做 法**）

1. 五花肉末中加入生抽、香油和干淀粉，搅成肉馅；将西蓝花洗净，掰成小朵。

2. 取适量肉馅，搓成圆球，将小朵西蓝花插在上面，整齐地码在盘中，放入蒸锅，用大火蒸 8 分钟。

3. 另起锅，将盘中的汤汁倒进锅中，开中火，加入水淀粉勾薄芡，再将芡汁淋在蒸好的菜上即可。

第254天

培养良好的进餐习惯

这个时期的宝宝，手的精细动作已经发展到可以用拇指和食指捏起小东西，并且日渐熟练。

为了练习这项重要的新技能，他会用手指拣起盘子里的小块食物或者伸手去拿盘子里的东西，搞得餐桌乱七八糟，这是喂宝宝吃饭最困难的时期。

每次固定在一个地方喂宝宝食物，容易使宝宝明白，一旦坐在这个座位上就意味着要吃饭了，可以培养宝宝在固定地点吃饭的好习惯。如果宝宝真的饿了，只要坐在这里，就能很快地进入准备吃饭的状态。

如果宝宝在餐桌上只顾摆弄餐具、食物，而坚持不肯吃东西，说明宝宝根本不饿。这时，需要及时将食物收走，等宝宝饿了，他自然会好好地吃饭。

宝宝食谱推荐

鲜虾冬瓜粥

材料 鲜虾仁 50 克，冬瓜 100 克，粳米 50 克，鲜香菇 1 朵，鸡汤适量。

做法

1. 鲜虾仁洗净，去虾线，入沸水锅中汆烫 1 分钟，盛出；冬瓜洗净，去瓤和子，保留瓜皮，切丁；粳米淘洗干净，用水浸泡 30 分钟；鲜香菇洗净，切粒。

2. 锅中加鸡汤和适量水煮沸，放入粳米，烧开后转小火熬煮 20 分钟。

3. 锅中加入冬瓜丁、香菇粒煮 10 分钟，放入虾仁再煮 5 分钟即可。

第 255~256 天

控制糖的摄入

吃糖过多会导致健康问题

蔗糖在体内会转化为葡萄糖,葡萄糖分解时需要含有维生素 B_1 的酶来参与。长期过量进食糖,机体会消耗大量的维生素 B_1,这种物质的缺乏,会使葡萄糖氧化不全,从而产生乳酸等中产物。这类中产物过多,会影响中枢神经系统的活动,表现为情绪及注意力方面的问题。

吃糖的两大原则

控制摄入量:尽量减少吃糖次数,在两餐之间不吃或少吃糖果等零食,尤其在睡前,不能再吃糖果等。

时机适宜:最好选在午餐和晚餐之间,作为加餐吃;如果宝宝感觉有些饿了不妨吃点儿糖,相对其他食物来说,糖更容易被人体吸收进入血液,可以快速提高血糖;如果宝宝的运动量较大,在运动后也可以吃点儿糖,有助于补充体内所消耗的热量。

宝宝食谱推荐

鸡蛋布丁

材 料 鸡蛋 1 个,配方奶 100 毫升。

做 法

1. 鸡蛋打散,加入 1 汤匙温开水,搅拌均匀。

2. 将配方奶倒入蛋液中,搅拌均匀。

3. 将调好的蛋奶液放入蒸锅中蒸,大火烧开,转小火再蒸 30 分钟即可。

第257~258天
给宝宝做辅食的技巧

辅食稀粥与大人米饭同做的方法

1. 将大人吃的米洗好倒入锅中，加适量水，再将宝宝的煮粥杯置于锅中央，煮粥杯内放米与水的比例为 1：7。

2. 像平时一样，将米饭做熟。

3. 开锅后，杯外是大人的米饭，杯内是宝宝的稀粥。刚开始用这种稠度的稀粥喂宝宝时，如果宝宝的喉咙特别敏感，可先将稀粥压烂后再喂食。

步骤 1

步骤 2

步骤 3

辅食肉泥的制作方法

肉类处理起来比较麻烦，特别是为宝宝烹制的辅食，妈妈们就更要注意了。下面向妈妈们推荐肉泥的基本烹调方法。

1. 挑选不带脂肪的瘦肉馅。

2. 倒入比肉馅多 5 倍的冷水，慢慢熬煮。

3. 肉煮烂后摊于网勺内，用水冲洗干净。

4. 最后将肉捣烂成泥。捣烂后的肉泥，宝宝很容易入口。

步骤 1

步骤 2

步骤 3

步骤 4

第 259 天

食物保质的措施

在给宝宝做辅食之前一定要洗手。

做好后,要将稍后再吃的食物,保存在冰箱里,如果是 24 小时之后才吃的食物,则应该冷冻起来。制作时要把冰冻食品充分解冻。

重新加热已经制作好的食物时一定要确保食物从里到外都热透,然后凉到合适的温度,再给宝宝喂食(可以使用对温度有感应的能变色的勺子喂食)。要注意,已经加热过的食物如果吃不完就弃用。

要及时检查食物的保质期。同样,如果瓶装的婴儿食品没有加热过,也没有接触过宝宝的嘴,开瓶后可以放在冰箱里保持 24 小时。

宝宝食谱推荐

果味土豆沙拉

材料 土豆半个,胡萝卜 1 根,橙汁 100 毫升。

做法

1. 将土豆、胡萝卜分别洗净,去皮,切成小丁煮熟。

2. 将煮熟的土豆丁和胡萝卜丁取出,控干水分放入容器中,淋上橙汁拌匀即可。

瓜丝虾仁软饼

材料 西葫芦 100 克,熟虾 5 只,鸡蛋 1 个,面粉 50 克,酵母粉 1 茶匙。

调料 胡椒粉少许。

做法

1. 西葫芦洗净,擦丝;鸡蛋打散,加入酵母粉打匀,再倒入面粉拌匀成蛋糊。

2. 将西葫芦丝加入蛋糊中,调入胡椒粉,拌匀成西葫芦丝面糊。

3. 平底锅加入适量油烧热,用勺子舀取面糊放入锅中,摊成一个个圆形小饼,待表面半凝固时放上虾仁,稍加按压使其粘牢。

4. 盖上锅盖略煎,翻面再煎另一面,煎至两面金黄即可。

第260天

一天内吃水果的最佳时间

宝宝一天内吃水果的最佳时间是在两餐之间，可以是午睡醒来之后、外出归来。以下两个时段不宜进食水果。

饱餐之后：虽然说水果极易被小肠吸收，但水果中也有不少单糖物质，若是堵在胃中，就很容易形成胃胀气，还可能引起便秘。

正餐餐前：宝宝的胃容量比较小，如果在餐前食用，就会占据胃的空间，影响正餐的摄入。

现阶段，吃苹果、梨、橙子时，可将这些水果切成碎丁，让宝宝自己用手抓着吃；吃猕猴桃、香蕉时，可用勺子将这些水果刮成泥喂食；吃山楂、葡萄、西瓜时，可将这些水果洗净后，去子、去皮，切成小块，让宝宝自己用手抓着吃。

宝宝食谱推荐

苹果牛油果泥

材 料 苹果 100 克，牛油果 100 克。

做 法

1. 苹果洗净，去皮，切小块；牛油果取出果肉。
2. 将苹果块和牛油果肉一同放入料理机中打成糊状即可。

果味麦片粥

材 料 猕猴桃半个，木瓜半个，橙子半个，燕麦 50 克，葡萄干 20 粒，配方奶 250 毫升。

做 法

1. 猕猴桃洗净，去皮，切小块；木瓜去皮、去瓤，切小块；橙子去皮，切小块；葡萄干洗净，泡软。
2. 锅中加水煮开，放入麦片和泡好的葡萄干，边搅拌边用中火煮 3 分钟。
3. 锅中倒入配方奶，边搅拌边用中火煮，待煮沸后熄火，盛出后撒上切好的水果即可。

第 **261** 天

选择粗粮有讲究

让宝宝适量进食粗纤维食物，可以促进其咀嚼肌的发育，有利于宝宝牙齿和下颌的发育；促进肠胃蠕动，增强胃肠道消化功能，防止便秘。

可以先从质地较细的品种开始，如小米、细玉米面、大豆面等。还可搭配细粮一起吃，并避免大量集中或者频繁地食用粗粮。妈妈可以在加工方法上用点心思，小米粥、白米粥、杂粮粥、八宝粥、软饭、掺和白面蒸成的松软的杂粮小馒头、带馅的菜团子等。还可以在白粥中加入其他食材，如红薯、南瓜、大枣、莲子、百合、水果等，既能增加营养，又能丰富味道和颜色，宝宝会更加喜欢。

宝宝食谱推荐

番茄西米羹

（材 料）番茄 1 个，西米 50 克。

（调 料）糖桂花 3 克。

（做 法）

1. 番茄洗净，用开水烫去皮，切丁；西米洗净，用清水浸泡约 30 分钟至米粒吸水膨胀。

2. 锅中加水，大火烧开，倒入番茄丁，煮沸后改小火煮 5 分钟，放入泡好的西米，煮 1 分钟立刻熄火，撒上糖桂花拌匀即可。

红薯小窝头

（材 料）红薯300克，胡萝卜100克，藕粉50克。

（调 料）白糖适量。

（做 法）

1. 红薯、胡萝卜洗净后蒸熟，取出放凉后剥皮，一起挤压成细泥。

2. 红薯胡萝卜泥中加入藕粉、白糖拌匀，切成小团，揉成小窝头。

3. 小窝头放入锅中，大火蒸 10 分钟即可。

第 262~263 天

宝宝易上火，要注意调理

中医认为，宝宝是"纯阳之体"，体质偏热，容易出现阳盛火旺，即出现"上火"现象。而且宝宝肠胃处于发育阶段，消化等功能尚未健全，过剩营养物质难以消化，易造成食积化热而上火。此外，食物搭配不科学，也会引起宝宝上火。宝宝上火时要怎么调理呢？

①增加其液体的摄入量。可以让宝宝多喝些凉白开、果汁、绿豆汤、鱼汤等。

②多吃些润肺生津、养阴清燥的食物。如银耳、藕、萝卜、百合、番茄、豆腐、香蕉和柿子等。

③多吃新鲜水果和蔬菜。因为果蔬除了含有大量水分外，还富含维生素、矿物质和膳食纤维，这些营养素不但有助于生长，还可以起到清热解毒的作用。

④给宝宝提供平衡膳食，要做到主副食、粗细、荤素以及干稀搭配合理。让宝宝少吃刺激性大、多油腻的食物，因为这些食物会消耗体内的水分，加重燥热的程度。

宝宝食谱推荐

木耳冰糖羹

材　料 干木耳 15 克，番茄 1 个。

调　料 冰糖 5 克，水淀粉 5 克。

做　法

1. 干木耳洗净，置于温水中浸泡约 3 小时泡发后，撕成小朵；番茄洗净，开水烫去皮，切碎。

2. 锅中加水，大火烧开，倒入木耳朵、番茄碎、冰糖，小火煮 10 分钟，淋入水淀粉再次煮开即可。

第 264~265 天

长期饮食过量，会影响宝宝的智力发育

　　好的饮食结构与饮食习惯可以养育一个健康又聪明的宝宝；不合理的饮食结构与饮食习惯不仅会对健康造成负面影响，还会影响宝宝的智力发育。

　　大多数的妈妈对于宝宝吃得多持肯定态度，认为宝宝吃得越多越健康，也会越聪明。

　　实际上，过饱会使大量的血液留存在胃肠道，造成大脑相对缺血、缺氧，久而久之会影响脑发育。此外，过饱还容易使血管壁增厚，导致血管腔变小，对大脑的供血减少，加剧大脑缺血、缺氧。脑细胞经常缺血、缺氧容易使脑组织逐渐退化，经常处在这样的状态，会影响宝宝的智力。

宝宝食谱推荐

香蕉木瓜酸奶汁

材料 香蕉半根，木瓜 1/4 个，酸奶 100 毫升。

做法

1. 将香蕉去皮，切块；木瓜去皮、去瓤，切块。

2. 把香蕉块和木瓜块一起榨成汁，榨好的果汁倒入酸奶中拌匀即可。

秋葵厚蛋烧

材料 秋葵 2 根，鸡蛋 2 个，牛奶适量。

做法

　1. 秋葵洗净，氽烫后去子；鸡蛋打散后加一点牛奶，搅拌均匀。

　2. 平底锅抹一层油，倒入 1/3 的牛奶鸡蛋液，转动锅子，让蛋液铺满锅底，蛋皮表面尚未完全凝固时，把秋葵放至蛋皮一侧，用铲子把秋葵那一侧的蛋皮挑起来，用蛋皮包裹秋葵卷成蛋卷。

　3. 蛋卷放在锅中间翻面加热、定型，然后将其推到锅边，再在锅中间倒入 1/3 的蛋液，重复做秋葵蛋卷的步骤，做好 3 个蛋卷。

　4. 将秋葵蛋卷切成小块即可食用。

第266天

避开宝宝喂养的误区

用鸡蛋代替主食

吃过多的鸡蛋会增加宝宝胃肠负担，甚至会引起消化不良性腹泻。现阶段的宝宝每天最多吃1个鸡蛋即可。

食物品种很单调

没有任何一种天然食物含有人体所需的所有营养素，只有通过给宝宝喂多种食物，才能使他得到全面的营养。这样也容易使宝宝愿意接受新的食物，养成不挑食的饮食习惯。

宝宝食谱推荐

鲜虾肉泥

材　料 鲜虾10只。

调　料 香油1滴。

做　法

1. 将鲜虾洗净，去头、去皮、去虾线，切碎，放入碗内，加少许水。

2. 把装虾肉的碗置于蒸锅中，隔水蒸10分钟，出锅后淋上香油，搅拌均匀即可。

水果酸奶糊

材　料 番茄半个，香蕉半根，酸奶100毫升。

做　法

1. 番茄洗净，用开水烫去皮，用勺子碾成泥；香蕉去皮，切块，碾成泥。

2. 将番茄泥与香蕉泥混在一起，拌入酸奶搅拌均匀即可。

第 **267** 天

避免辅食里的营养流失

给宝宝制作辅食时，尽量不要添加其他调味料，也要少加油脂。

不要添加苏打粉，否则会有损食物中的维生素及矿物质。

带皮的蔬菜或水果也可以煮好后再剥皮。最好用蒸的方法烹煮蔬菜，尽可能减少其与光、空气、热和水接触，以减少维生素的损失。

不宜用铜质器皿烹饪，以免破坏维生素 C。

不宜用铝质器皿烹煮酸性食物，因为铝会溶解在食物中并被宝宝吸收。

宝宝食谱推荐

胡萝卜水果泥

材料 胡萝卜半根，猕猴桃半个，鸡蛋 1 个。

做法

1. 胡萝卜洗净，去皮，切块，蒸熟后碾压成泥；猕猴桃洗净，去皮，碾压成泥；鸡蛋煮熟，取蛋黄碾压成泥。

2. 将胡萝卜泥、猕猴桃泥、蛋黄泥一同置于碗中，搅拌均匀即可。

第268天

纠正偏食、挑食的行为

让宝宝体验饥饿感，随后获得饱足感。限制两餐之间的热量摄入，餐前1小时不喝饮料和吃点心。进餐时间控制在半小时之内，每餐间隔3.5~4个小时。

慢慢调整宝宝不喜欢的食物和喜欢的食物的比例，把不喜欢和喜欢的食物从1：1变为2：1或更多，使不喜欢变为喜欢。

当宝宝发生推开勺子、哭闹、转头等行为时，妈妈采取暂时隔离法，比如移开食物，将宝宝放进餐椅不理他等。

带宝宝一起去菜场或超市，教宝宝认食材，和宝宝商量采购哪些食品，不买不希望宝宝吃的食物。

提供机会，让宝宝多次尝试新的或不喜欢的食物。

用趣味名称来称呼食品，营造快乐进食气氛。

宝宝食谱推荐

鲜虾炒挂面

材 料 挂面50克，鲜虾仁2只，胡萝卜半根，白菜叶1片。

做 法

1. 挂面煮熟，捞出过水；鲜虾仁洗净，去虾线，切碎；胡萝卜和白菜叶分别洗净，切碎。

2. 锅中放入少许油烧热，下碎虾仁炒至变色，再放入胡萝卜碎和白菜碎翻炒，炒熟出锅前，倒入煮好的面条，拌匀即可。

小贴士：

虾不仅口味鲜美，而且含有多种维生素、矿物质（钙、铁、碘等）和优质蛋白质（含量高达20%）。另外，虾中还含有甘氨酸，虾越新鲜，这种氨基酸的含量越高。

有益宝宝健康的米醋

妈妈为宝宝制作辅食时，不妨使用米醋进行烹调。这样不仅可使食物味道更好，而且米醋中含有的乳酸、柠檬酸、琥珀酸、葡萄糖、甘油、多种氨基酸、维生素 B_1、维生素 B_2 以及钙、磷、铁等微量元素，有益于宝宝的健康。

另外给宝宝做的饭菜中加入一些米醋，宝宝食用后可使胃液中的酸度得到提高，由此增加了对致病菌的杀伤力，还有助于化解积食。

这里为妈妈推荐几种烹调方法。

骨头汤里加醋，可使骨头发生脱钙，大量的钙质溶于骨头汤内，并促进钙质在小肠内的吸收。

做鱼时加醋，不仅能使鱼骨中的钙溶解在汤里，同时还可减轻鱼的腥味，使口感更好。

宝宝食谱推荐

糖醋双丝

（材　料）白菜心 50 克，胡萝卜 50 克。

（调　料）米醋 1 茶匙，糖 1/2 茶匙，盐适量。

（做　法）

1. 白菜心洗净，切成细丝，放在大碗里，用盐腌 5 分钟后，挤干水，放入盘中。

2. 胡萝卜洗净，切成细丝，用开水焯一下，捞出后过凉水，控水后放在白菜丝上。

3. 锅中放油烧热，加入米醋和糖烧开，小火熬制片刻，待汤汁浓稠时出锅放凉，浇在双丝上拌匀即成。

拌三丝

材 料 黑木耳 1 朵，莴笋、胡萝卜各 50 克，蒜末少许。

调 料 生抽、米醋各 1 茶匙。

做 法

1. 黑木耳泡发；莴笋去皮，洗净；胡萝卜洗净。

2. 以上三种材料分别切丝后焯水 30 秒钟捞出，过凉水，沥干。

3. 将以上三丝放入容器内，放上切碎的蒜末，再加入生抽、米醋拌匀即可。

365天

宝宝怎么吃每日一读

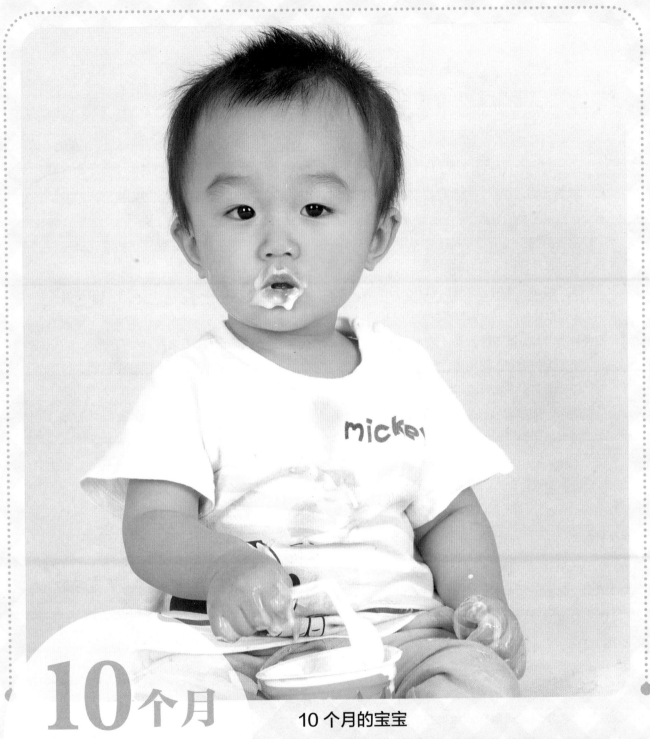

10个月

开始断奶，逐渐增加辅食品种

10个月的宝宝

这个月，宝宝的营养需求和上个月差不多。妈妈不要认为宝宝又长了一个月，饭量就应该明显地增加。这会使父母总是认为宝宝吃得少，使劲儿喂宝宝。总是嫌宝宝吃得少是父母的通病，父母要学会科学喂养宝宝，而不要填鸭式喂养。

10 个月 宝宝喂养指导

宝宝在这个月一般已长出 4～6 颗牙齿。也有的宝宝出牙较晚，此时才刚刚长出第 1 颗牙齿。虽然牙齿还很少，但他已经学会用牙床咀嚼食物，这个动作也能有效地促进宝宝牙齿的发育。在前几个月的准备下，宝宝进入了断乳期，此时辅食的添加次数也应增加。

宝宝所需热量仍然是每千克体重 110 千卡左右。蛋白质、脂肪、糖、矿物质、微量元素及维生素的量和比例没有大的变化。

这个阶段，原则上继续沿用上个月的哺喂方式。可以把哺乳次数进一步减少，但不少于每天 2 次。可以让宝宝进食更丰富的食品，以利于各种营养元素的摄入。可以让宝宝尝试全蛋、软饭和各种绿叶菜，既增加营养，又锻炼咀嚼能力，同时仍要注意微量元素的添加。

给宝宝做饭时多采用蒸、煮的方法，其比炸、炒的方式保留更多营养元素，口感也松软。同时，还保留了更多食物原来的色彩，能有效激发宝宝的食欲。

这个时期宝宝的吞咽能力和手部动作会比前几个月好很多，因此可以试着让宝宝自己拿勺子，但爸爸妈妈仍需陪在旁边，以防宝宝不小心伤到自己。宝宝自己进餐，会将食物洒满桌子，手、脸和衣服也会搞得很脏，这是宝宝学习成长的必经之路。父母要保持冷静与温和的态度，保证进餐时的气氛轻松和愉快，不要呵斥宝宝。

开始断奶

这个月可以用自然断奶法给宝宝断奶了，即通过逐步增加辅食的次数和数量，慢慢减少喂哺母乳的次数，在断奶的过程中（1～2 个月），应让宝宝有一个适应的过程。开始时每天先少喂一次母乳，再代之其他的食物，在之后的几周内，慢慢减少喂奶次数，并相应增加辅食，逐渐将辅食变成主食，直至最后断掉母乳。

第 271 天

辅助饮水

可以引导 10 个月的宝宝用水杯喝水，注意杯中的水量不要太多，要让宝宝捧着两侧，大人托稳杯子，让宝宝喝杯内的水。目前，宝宝还不会把水吸进嘴里，仅能把嘴边遇到的水喝进去，喝水的过程中，来不及吞咽的水会顺着嘴角两侧流下来。经常进行这样的喝水练习，宝宝不久之后就能掌握"吸溜"的技能了。

在宝宝熟练掌握这样的喝水技巧以后，可以在白天让他用杯子喝牛奶，取代睡前最后一次的奶瓶喂奶，这样有助于减少"奶瓶齿"的发生。

宝宝食谱推荐

香菇山药牛肉粥

材 料 鲜香菇 1 朵，山药 50 克，牛肉 100 克，大米 70 克，薏米 30 克，葱花、姜丝各少许。

调 料 生抽、香油各少许。

做 法

1.鲜香菇洗净，切小块；山药去皮，洗净，切片；牛肉切丝，用生抽、香油腌制一下；大米、薏米洗净，提前用水浸泡。

2.锅中加入适量水煮沸，放入大米、薏米，大火煮沸，再放入香菇块、山药片，小火煮 10 分钟。

3.大火煮沸后，放入腌好的牛肉丝，继续煮5分钟，最后放入葱花、姜丝调味即可。

大米花生红枣米糊

材 料 大米 30 克, 红豆 15 克, 绿豆 15 克, 红枣 2 颗, 花生仁 20 克, 核桃仁 10 克, 枸杞子 5 克, 熟黑芝麻 5 克。

做 法

1. 大米洗净, 浸泡 2 小时; 红豆、绿豆分别洗净, 浸泡 4 ~ 6 小时; 红枣洗净, 用温水浸泡半小时, 去核; 花生仁、核桃仁、枸杞子洗净。

2. 将全部材料倒入全自动豆浆机中, 加水至上、下水位线之间, 按下"米糊"键, 煮至豆浆机提示米糊做好即可。

第 **272~273** 天

家庭进餐的细节

时间固定

每天吃饭的时间应固定。这样一到进餐时间，宝宝就准备好等着开饭了。进餐时间不宜太久，控制在半小时以内。即使宝宝还要吃也不能迁就，到时就收，以免与饭后的其他行为（睡觉、玩玩具等）发生冲突。

程序固定

用餐前后洗手，用餐过程的礼仪，餐后漱口等，这些都是宝宝学习和模仿的内容。虽然目前其中的几个环节宝宝是无须实施的，但大人不能省去。

言传身教

宝宝虽然小，但是他已经有了很强的模仿能力。在餐桌上，如果看见别人含着满嘴食物大笑、乱扔食物、敲餐具等，他也会模仿。所以，大人要注意自己在餐桌上的言行举止。

宝宝食谱推荐

冬瓜丸子汤

材 料 冬瓜 50 克，肉馅 100 克，蛋清 1 个，香菜 2 根，姜片 5 克。

调 料 婴儿酱油、香油各少许。

做 法

1. 冬瓜去皮、去瓤，切成片；香菜洗净，切碎。

2. 肉馅放入大碗中，调入婴儿酱油、蛋清，沿着同一个方向搅拌均匀。

3. 锅中倒入清水，放入姜片，大火烧开后，将肉馅挤成丸子，放入水中，大火煮沸。

4. 倒入冬瓜片，煮 3 分钟后，淋入香油，撒上香菜碎即可。

第 274 天

吃饭也要尊重宝宝

尊重宝宝进食的独立性

10 个月的宝宝变得更加独立，在餐桌边的种种行为即可表现出来。在这个年龄，千万不要强迫宝宝进食。当宝宝的食欲被外界的力量压倒和制服时，他会本能地将身体方面的信号与进食压力联系在一起。同时，他也会认为妈妈完全不在意他的感受，内心感到孤立无助。所以，妈妈要尊重宝宝的选择和独立性，即使是在食物方面。

尊重宝宝对食物的偏好

细心的妈妈在长期喂宝宝吃饭的过程中，应该注意观察宝宝喜欢什么样的食物，因为宝宝也有偏好。如果宝宝咽下以后很快又张开小嘴，说明这种食物他很感兴趣；如果他出现迷惑的表情，皱眉，或将食物吐掉，则表明他对这种食物并不感兴趣。而且，这个年龄阶段的宝宝在接触新食物时往往喜欢研究一番，以满足自己的好奇心。

宝宝食谱推荐

时蔬浓汤

 材 料 番茄、土豆各 1 个，胡萝卜半根，洋葱小半个，圆白菜 100 克，黄豆芽 50 克，高汤 500 毫升。

做 法

1. 番茄用开水烫去皮，切丁；土豆和胡萝卜分别洗净，去皮，切丁；洋葱去老皮，洗净，切丁；圆白菜洗净，切丝；黄豆芽洗净，捞出沥水。

2. 起锅，将高汤倒入锅中，加入上面备好的所有食材，大火煮沸，转小火慢熬10 分钟，至汤浓稠即可。

第 275 天

食物保鲜用具有哪些

　　这个时期宝宝的食量还小，所以妈妈辛苦准备的辅食，宝宝每次只吃一点儿，几乎每次都会有剩余。一般来说，宝宝吃剩下的，妈妈直接吃了即可，但有时也需要冷藏保存。这就要用到保鲜用具。

　　保鲜盒：可与空气隔绝，密封性能很好，可延长食物的保质时间。

　　储存盒：宝宝外出玩耍时，带着的小点心或切成丁的水果，可以放到储存盒里。如果带着的是水果，还要带几根牙签，最好用保鲜膜包起来。

　　冷藏专用袋：最好是能封口的专用冷藏袋，做好的辅食分成小份，用保鲜膜包起来放入袋中。

　　当然，如果时间充裕，还是建议妈妈只做一顿的量，毕竟现做现吃才最健康。

宝宝食谱推荐

白菜鱼丸汤

（**材　料**）白菜 200 克，鱼丸 4 个，猪骨高汤 300 毫升。

（**做　法**）

　　1. 白菜洗净，切碎；鱼丸洗净，切碎。

　　2. 猪骨高汤倒入锅中，大火煮沸后加入切碎的鱼丸，再次煮沸后加入白菜碎，中火煮 5 分钟即可。

小贴士：
白菜能够提供丰富的维生素、膳食纤维，鱼丸含有优质蛋白，搭配一起食用，更易于宝宝吸收营养。

第276天

宝宝不爱吃饭，妈妈妙招应对

对于不爱吃饭的宝宝，妈妈需要花些小心思来应对。

妈妈可以将碗碟里的食物布置成小动物的造型，吸引宝宝的注意力。给宝宝的小碗底铺一层白色的米粒，接着在米粒上做造型。寻找圆形的豆豉做鱼的眼睛，黄瓜丝铺作鱼的身体，几片肉片摆成鱼鳍。让宝宝参与这个过程，进食时，问宝宝想吃"鱼"的哪部分。妈妈可以在每餐前询问宝宝想吃什么"小动物"，在制作餐点的时候略微考虑一下摆弄这个"小动物"需要准备什么食材。

这会使每天的进餐变成宝宝眼里的大事情，餐点还没上桌，宝宝的胃口就被吊起来了。

宝宝食谱推荐

菠萝炒饭

【材 料】菠萝肉 20 克，米饭 100 克，猪肉糜 50 克，洋葱 10 克，青椒 10 克，胡萝卜 10 克。

【调 料】橄榄油少许。

【做 法】

1. 菠萝肉切成小粒；洋葱、青椒、胡萝卜分别洗净，切成小粒。

2. 将少许橄榄油抹在烧热的平底锅中，然后按顺序分别放入洋葱粒、胡萝卜粒、猪肉糜、青椒粒、菠萝肉粒进行翻炒。

3. 将米饭放入锅中，一起翻炒均匀即可。

鲜虾炒鸡蛋

【材 料】鲜虾 250 克，鸡蛋 2 个。

【做 法】

1. 鲜虾洗净，去头、去壳、去虾线；鸡蛋打散。

2. 锅中放少许油烧热，倒入蛋液，炒散盛出。

3. 锅中留底油，开中火，六成热时倒入虾仁，翻炒至变色，再加入炒好的鸡蛋，翻炒均匀即成。

小贴士：
虾仁的蛋白质含量是鱼、蛋、奶的几倍甚至几十倍，其钙及镁的含量十分丰富。

第 277 天

不要追着喂食

10~12个月的宝宝活动能力增强，可自由活动的范围增加。有些宝宝不喜欢一直坐着不动，包括喂食物的时候也是如此。

如果出现这样的情况，在喂食物前最好先把能够吸引宝宝的玩具等东西收好。当宝宝吃饭时，出现扔勺子的情况时，妈妈要表示出不喜欢宝宝这样做。如果宝宝再扔，就不要给宝宝喂食物了，最好收拾起饭桌，千万不要到处追着给宝宝喂食物，以培养宝宝良好的饮食习惯。

此时宝宝已有自己进食的基本能力，可以让宝宝使用婴儿餐具，学着自己吃饭。

宝宝食谱推荐

酸奶淋紫薯

材料 紫薯、酸奶各适量。

做法

紫薯蒸熟，放入保鲜袋碾成泥，放在盘中，摆成心形，淋上酸奶即可。

莲子百合小豆粥

材料 干莲子20克，干百合10克，红小豆25克，粳米50克。

做法

1. 干莲子、干百合洗净，浸泡2小时；红小豆洗净，浸泡6小时，粳米洗净。

2. 将莲子、红小豆倒入锅中，加水，大火煮开，转小火煮1小时。

3. 将粳米、百合倒入锅中，大火煮开，转小火熬煮半小时即可。

第 278 天

孩子不懂饿怎么办

　　人只有当自己的身体处于饥饿状态时才能有好的食欲，人体的消化器官也才处于最佳吸收消化状态，此时进食才能使人获得满足，才能产生最佳的进食效果。频繁地少量进食，会使人失去饥饱的刺激。宝宝也是如此。不知饥饱很难引起宝宝的食欲及吃饭后的满足感，久而久之便会对吃饭失去兴趣。为了使宝宝有饥饿感，能好好吃饭，妈妈应定时给宝宝喂饭。如果宝宝吃得不多，也不要随后补上，应等到下次喂饭时再吃。

宝宝食谱推荐

猪肝鸡蛋羹

（材　料）猪肝 50 克，鸡蛋 1 个。

（调　料）香油少许。

（做　法）

1. 将猪肝去掉筋头，除去靠近苦胆的部分，冲洗干净，切成细丁后煮熟。
2. 鸡蛋打散、搅匀，加适量水拌匀后放入猪肝丁，上火蒸 20 分钟，淋入香油即可。

通心粉蔬菜汤

（材　料）通心粉 30 克，圆白菜叶 1 片，洋葱、胡萝卜、南瓜各 20 克，高汤 500 毫升。

（做　法）

1. 圆白菜洗净，切丝；洋葱、胡萝卜分别洗净，去皮，切丁；南瓜去皮、去瓤，切丁。

2. 锅中加水，大火煮开，放入通心粉，中火煮熟，捞出沥水。

3. 将高汤倒入锅中，加入圆白菜丝、洋葱丁、胡萝卜丁、南瓜丁，中火煮 5 分钟左右至熟，倒入煮熟的通心粉，再次煮沸即可。

第 279~280 天

不要迷信"营养品"

　　市场上有名目繁多的营养补充剂，如"蛋白粉""牛初乳"等，很多妈妈受广告的影响，对这些补充剂趋之若鹜。这些营养品中不能确定有效成分和含量，且补充剂中都含添加剂、防腐剂，选择的补充剂种类越多，添加剂和防腐剂也会随之倍增。

　　实际上，获取营养的最佳途径应该是摄入食物，食物中营养素的质量肯定比补充剂好。不同阶段的宝宝有自己的饮食需求，每天需要的营养应来自丰富的饮食。根据宝宝的年龄，妈妈可以为宝宝选择适宜的饮食种类和可接受的喂养量，均衡营养和正常进食才是生长的基础。所以，只要食品选择得当，进食正常，就没必要依赖营养品或补充剂。

宝宝食谱推荐

南瓜吐司

材　料 南瓜 100 克，吐司面包 1 片，鸡蛋 1 个，配方奶 50 毫升。

做　法

　　1. 南瓜去皮、去瓤，切块，蒸熟后压成泥；鸡蛋打散后，加入配方奶，搅拌均匀。

　　2. 面包片撕去边皮，只取中间部分，将南瓜泥均匀涂在一面上，再在鸡蛋液中浸泡一下。

　　3. 平底锅烧热，淋入少许油，转动锅，使油均匀涂满锅底，放入面包片，煎至两面金黄即成。

第281天

生吃蔬菜要有选择

番茄、黄瓜、生菜、樱桃萝卜、苦菊、香菜、罗马生菜、青椒、彩椒、洋葱等都是可以生吃的蔬菜。生吃蔬菜可以最大限度地保留蔬菜的营养物质，口感也更好。

将几种可以生吃的蔬菜搭配在一起，加入煮熟的鸡蛋等做成五颜六色的沙拉，能够促进宝宝的食欲，营养也更加丰富。

生菜叶略有苦味，它能增进食欲，有镇痛的作用，还有降血糖的功效。近期有研究表明，吃生菜叶还有抗病毒感染和抗癌的作用。如果宝宝不愿意生吃生菜叶，妈妈可以用生菜叶卷上烫熟或烤熟的牛肉片或五花肉给宝宝吃。这样的吃法更健康也更美味。

胡萝卜中的胡萝卜素是可溶性维生素，这种物质可溶于油脂不溶于水，所以胡萝卜不宜生吃。

宝宝食谱推荐

木耳莴笋拌鸡丝

材 料 水发木耳 1 朵、莴笋 50 克，鸡胸肉 50 克。

调 料 香油 2 克。

做 法

1. 木耳洗净，切丝，稍微氽烫一下；莴笋去皮，洗净，切丝；鸡胸肉洗净，切丝，氽烫至熟。

2. 将上述材料放入盘中，淋少许香油拌匀即可。

番茄沙拉

材 料 小番茄 150 克，生菜 100 克，香蕉 1 根，猕猴桃 1 个。

调 料 沙拉酱适量。

做 法

1. 小番茄洗净，对半切开；生菜洗净，撕成小片；香蕉和猕猴桃分别去皮，切块。

2. 将上述材料放入碗中，调入沙拉酱拌匀即可。

第 **282** 天

巧妙剁馅料，营养不流失

妈妈做馅料时，需要将大白菜、小白菜、芥菜、韭菜等材料切碎拌馅。如果在这个过程中将菜汁挤掉，蔬菜中丰富的维生素将会流失 60% ~ 70%。

妈妈在剁馅时特殊处理一下，就可以保存蔬菜中的营养了，具体方法有以下几种。

①将蔬菜与豆腐干、蘑菇及肉放在一起剁切，此时蔬菜中的汁液可以渗透到馅中。

②不要挤得太干，还可适当加少许淀粉收菜汁。

③将挤出的菜汁代替水来和面，或者用来做汤喝。

宝宝食谱推荐

家常拨鱼儿

材 料 土豆 100 克，面粉 200 克。

做 法

小贴士：
可以根据宝宝的口味做各种浇头。

1. 土豆洗净，蒸熟后去皮，捣成泥后与面粉混合，加水揉成软面团，盖上湿布或保鲜膜静置 30 分钟。

2. 锅内加水，大火烧开后转中火，取部分面团放在盘里，左手持盘向锅边倾斜，使盘中面团流向盘边，右手持竹筷，将流向盘边的面往锅里拨成中间大、两头小的面鱼。

3. 待面鱼煮熟浮起来后，用漏勺捞到碗里即可。

西葫芦蒸饺

材 料 西葫芦半个，肉馅 200 克，水发木耳 10 克，面粉 200 克。

调 料 婴儿酱油少许。

做 法

1. 西葫芦洗净，去皮，擦成丝，挤去水分；水发木耳切碎；面粉中加入沸水，和成烫面团。

2. 肉馅中加入婴儿酱油拌匀，再将西葫芦丝与水发木耳碎一起放入肉馅中，搅拌均匀。

3. 将面团搓成条，揪成小剂子，擀成饺子皮，加馅包成饺子，码入屉内，用旺火蒸 15 分钟即可。

第 **283** 天

把握好炒菜的火候

营养学家告诫，蔬菜炒得时间越长，维生素 C 流失得越多。一些妈妈为了让蔬菜的味道好些，吸引宝宝进食，会把炒菜时间拉长，这种做法并不可取。

研究发现，芹菜炒 5 分钟，维生素 C 损失 12%，炒 8 分钟损失 21%，如果炒 12 分钟就会损失 35%；青椒炒 6 分钟损失 13%，炒 10 分钟损失 18%，如果再焖 15 分钟，那损失就会高达 44%。

每一种蔬菜需要在锅里炒的时间是不同的，妈妈要在具体的实践中细细体验，积累经验。

宝宝食谱推荐

蒜蓉空心菜

材 料 空心菜 100 克，蒜蓉 10 克。

做 法

1. 空心菜洗净，切段。

2. 锅中放少许油烧热，下空心菜段翻炒均匀，再放入蒜蓉翻炒几下即可。

鱼肉拌茄泥

材 料 净鱼肉 100 克，茄子半个。

调 料 香油 2 克。

做 法

1. 鱼肉洗净，切成小粒；茄子洗净。

2. 将鱼肉粒和茄子一同放入蒸锅，隔水蒸 8 分钟，取出放凉。

3. 茄子去皮后压成茄泥，与鱼肉粒混合，加入香油拌匀即可。

第 284 天

断奶，要关注宝宝的感受

对于大部分已经能够接受辅食的宝宝来说，断奶时心理上和精神上的不适应，要比消化道的不适应更为严重。所以，在断奶过程中，妈妈要注意以下问题。

①在断奶过程中，妈妈不要优柔寡断。如果一看到宝宝哭闹就动摇，接着又给宝宝吃了，这样对宝宝的心理健康不利。

②在断奶时，妈妈要多花一些时间和心思来陪伴宝宝，努力安抚宝宝不安的情绪。为了断奶而在乳头上涂抹让宝宝难受的东西，或是强行与宝宝分开等，很容易让宝宝产生害怕、焦虑、愤怒的情绪，是非常不可取的办法。

③断奶后仍要保证宝宝配方奶的摄取，同时注意辅食的营养搭配。

宝宝食谱推荐

鸡蛋肉末软饭

材　料 鸡蛋 1 个，猪瘦肉 20 克，米饭 1 小碗。

做　法

1. 猪瘦肉洗净，剁成泥；鸡蛋打入肉泥中，一起搅拌均匀。

2. 锅中加少许水煮沸，放入米饭煮 2 分钟，将鸡蛋瘦肉泥倒入锅中，搅拌使其滑散，大火煮开后转小火再煮 10 分钟即可。

小贴士：

软米饭水分较多，容易消化，而鸡蛋瘦肉泥的组合提供了宝宝需要的氨基酸、蛋白质等营养元素。本餐适合宝宝这个时期的身体状况，也适合给宝宝做主食。

什锦鸡丝粥

材 料 大米 100 克，鸡胸肉 100 克，胡萝卜 20 克，油条半根，香菜碎 10 克。

调 料 盐、香油各少许。

做 法

1. 大米洗净；鸡胸肉洗净，切丝，以少许盐腌制；胡萝卜洗净，切细丝；油条切细丝。

2. 锅中加水，大火烧开后，倒入大米，沸腾后改用小火熬 30 分钟。

3. 锅中放鸡丝和胡萝卜丝，滚煮 2 分钟后关火，加入盐和香油调味，吃时撒上油条丝和香菜碎即可。

第285天

边吃边玩危害大

很多宝宝喜欢边吃边玩，妈妈为了宝宝能吃饭，也顺从宝宝，让宝宝一边玩一边给他喂饭。边吃边玩的习惯对健康非常不利，主要体现在以下几个方面。

影响消化吸收

正常情况下，人体在进餐期间血液会聚集到胃部，以加强对食物的消化和吸收。宝宝边吃边玩就会使得一部分血液被分配到身体的其他部位，从而减少了胃部的血流量，妨碍对食物的充分消化，使得消化功能减弱，导致宝宝食欲缺乏。

容易导致厌食

宝宝吃几口饭就玩一阵子，必然延长进餐的时间，饭菜变凉，容易被污染，也会影响胃肠道的消化功能，加重厌食情绪。如果饮食营养长期跟不上，将导致宝宝身材矮小孱弱。

容易养成做事不专心的毛病

边吃边玩会使宝宝从小养成做什么事都不专心、不认真、注意力不集中、办事拖拉等坏习惯，对成长不利。

宝宝食谱推荐

蔬菜鸡蛋饼

材 料 油菜叶（或白菜叶）300克，鸡蛋2个。

做 法

1. 菜叶洗净，切碎；鸡蛋打散，加入菜叶碎，搅拌均匀。

2. 炒锅内倒入少量油，使薄薄的一层油铺在锅底，油七成热时，将蛋液均匀平铺在锅底呈薄饼状，煎至两面发黄即可。

第 286~287 天
训练宝宝使用勺子

宝宝一开始拿勺子时只是用它来挥动着玩耍。当他在吃饭时看到大人将勺子插进饭中，他也会学着把手中的勺子插入饭中，但还不会分辨勺子的凸面与凹面。当他看到大人用勺子能盛到食物，而自己的勺子盛不到食物时就会很生气。即使偶尔能让凹面向上盛到东西，由于小手还未做好持物的准备，盛到了也会因为把握不稳勺子而使得食物掉下来。

宝宝自己用勺子进食时，肯定会弄得脸上、身上和地上到处都是，可以事先给宝宝穿好围裙，让他坐在自己的专用餐椅上，下面铺上一些报纸或垫上一块塑料布，以便于饭后打扫。

妈妈喂食的同时，如果限制宝宝双手的自由，这是不可取的。

宝宝食谱推荐

奶油通心粉

材 料 通心粉 50 克，鸡蛋 1 个，胡萝卜 100 克，蘑菇 50 克，鸡汤 300 毫升，配方奶 50 毫升。

做 法

1. 通心粉煮熟；鸡蛋打散，倒入油锅中炒散；胡萝卜和蘑菇分别洗净，切成细丝。

2. 起油锅，加热至油七成热时，倒入胡萝卜丝、蘑菇丝，开大火快速翻炒 1 分钟，再倒入鸡汤，大火煮开，转中火煮 5 分钟。

3. 将煮熟的通心粉、炒熟的鸡蛋、配方奶倒入锅中，再次煮沸即成。

第288天

饮食安全要记牢

宝宝能够品尝的美食越来越多了，对于饮食安全，妈妈始终不能掉以轻心。

做鱼汤时，要注意避免鱼刺、鱼骨混在浓汤里；排骨煮久了，会掉下小骨渣，要注意除去；黏性较大的食物，要防止宝宝整吞；豆类、花生等又圆又滑的食物，要碾碎了给宝宝吃。

不要在吃饭的时候逗宝宝笑；不要让宝宝拿着筷子、叉子等餐具到处爬；使用吸管时，不要在饮料里面放小粒食物；热烫的食物，特别是汤类，不要放在宝宝面前。

妈妈要经常提醒宝宝身边有哪些危险，应该怎么做，慢慢地他们就会懂得自己避险了。

宝宝食谱推荐

香菇鸡丝面

材 料 面条 50 克，鸡胸肉 80 克，香菇 30 克，葱花 5 克。

调 料 酱油 1 茶匙。

做 法

1. 鸡胸肉洗净，香菇用水泡软，分别切成丝。

2. 锅中放油烧热，加入葱花爆香，放入鸡丝、香菇丝翻炒，倒入酱油炒入味。

3. 锅中加适量水煮沸，放入面条煮熟即可。

第 289 天

宝宝受惊的饮食调理

宝宝神经发育尚不完善，放炮、小狗叫、似睡非睡时有突然的声音、生人来往较多等，都有可能导致孩子受惊。

孩子受惊可以辅以食疗，要考虑补心安神的食材。常见的补心安神食材有小米、牛奶、百合、灵芝、红枣、猪心、酸枣仁、茯苓、莴苣汁、西米、鹌鹑蛋、牡蛎、鳗鲡、龙眼、桑葚、葡萄、核桃、莲子、芝麻、银耳、枸杞子、黄鱼等。

6 个月以内的宝宝，可以食用柠檬水、小米粥汤、红枣枸杞子水等，能够增加孩子的血清素，对安神比较好。还可以给孩子吃些香蕉，也有助于安神。

6 个月以上的宝宝，可以食用猪血、百合、龙眼、藕、虾、蛤蜊等，另外心肝类食物也有安神功效。

宝宝食谱推荐

清蒸黄花鱼

（材 料）黄花鱼1条，葱、姜各5克。

（调 料）料酒5克。

（做 法）

1. 黄花鱼处理干净；葱、姜洗净，切丝。

2. 黄花鱼身上抹一层料酒，鱼腹中放入葱丝、姜丝，上笼蒸8分钟即可。

小贴士：
给宝宝吃时注意去刺，要小块食用。

第 290 天

宝宝为什么会厌食

平时吃饭很顺利的宝宝，突然对吃饭没有兴趣，什么都不爱吃，这是什么原因呢？父母应仔细观察和分析，找到宝宝厌食的根本原因。

疾病所致

吃是人的天性，1 岁之内的宝宝食欲下降，多是疾病所致。急慢性疾病，可导致胃肠动力不足（功能性消化不良）引起厌食。长期使用抗生素等，也会导致厌食。

受不良生活习惯影响

不良生活习惯包括吃得过多、过饱，生冷、油腻、硬性食物摄入太多，父母强迫进食，结果常常会适得其反。吃得多使宝宝胃里总有东西，血糖不下降，自然没食欲。宝宝不愿意吃是因为他的肠胃需要自己进行调节，可以暂时顺着宝宝的胃口来。

情绪等神经因素的影响

情绪等因素对于宝宝食欲的影响也很大。家庭不和睦或者父母对宝宝的情感表达不到位，都会使宝宝食欲不佳。

宝宝食谱推荐

冬瓜蛋花汤

材料 冬瓜 150 克，鸡蛋 1 个，鸡汤 300 毫升。

做法

1. 冬瓜去皮、去瓤，切成菱形小片；鸡蛋打散。

2. 起油锅，开大火，下入冬瓜片翻炒 1 分钟，倒入鸡汤烧开，转小火熬煮至冬瓜熟烂。

3. 将鸡蛋液淋入锅中，煮1分钟即成。

第 291~292 天

小感冒，可用饮食调理

宝宝感冒，有的妈妈就会马上带着宝宝看医生或自己配药给宝宝吃，恨不能马上就好了。

其实，一些不严重的感冒只要护理方法正确，比如饮食清淡、多喝水、注意保暖等，不吃药也可以痊愈。如果感冒比较严重，可以根据医嘱来服用一些药物。这样处理的前提是确定宝宝只是普通感冒。如果经过检查确诊是支原体引起的感冒、发烧，还是要配合抗生素来治疗。

医院开出的药要保证按时喂药，药效才能充分发挥。两次服药的间隔太短，宝宝体内的药会增加肾脏的负担；而间隔时间太久，病毒反复，会产生抗药性，会增加以后治疗的难度。

宝宝食谱推荐

葱白粥

材料 葱白 30 克，糯米 50 克，生姜 10 克。

调料 米醋适量。

做法

1. 将糯米淘洗干净，放入锅中，大火煮开后改用文火煨。

2. 加入葱白、生姜煮至粥烂，加入米醋搅匀，即可趁热食用。

白果莲子粥

材料 白果 10 克，莲子 20 克，糯米 100 克。

调料 冰糖 5 克。

做法

1. 白果洗净；莲子去莲心，洗净；糯米淘洗干净。

2. 将洗净的糯米倒入锅中，加水，大火烧开，加入白果、莲子、冰糖，转小火熬煮 30 分钟即可。

小贴士：

此粥滋阴润肺，止咳化痰。

第 293~294 天
怎么给宝宝服用维生素

怎么给宝宝服用维生素

将维生素滴丸里的液体直接滴在宝宝的舌头上，这样不但可以精准地计量，服用效果也更加有效。宝宝通常较喜欢这种维生素补充剂的味道。

宝宝开始食用固体食物时，可以让宝宝试试维生素咀嚼片，但是要检查标签，因为许多咀嚼片中含有一定量不必要的糖分。

维生素的选购与保存

在购买维生素补充剂时，要选择复合维生素，这样会更快被吸收，而且更加有效。所有维生素在储存时都要避光、避热和避潮。维生素瓶要置于宝宝拿不到的地方。

宝宝食谱推荐

南瓜羹

材 料 南瓜 150 克，肉汤 200 毫升。

做 法

1. 南瓜去皮、去瓤，切成小块。

2. 将肉汤倒入锅中，加南瓜块，大火煮开，转小火熬煮 10 分钟，南瓜熟烂后盛出。

3. 用勺将南瓜块捣碎，搅拌均匀即可。

小贴士：
此羹可提供胡萝卜素、维生素 A、维生素 E 等。

填馅小番茄

材 料 小番茄 5 个，煮熟的土豆泥 4 大勺，蛋黄半勺，西芹末 1 小勺。

调 料 沙拉酱 1 勺。

做 法

1. 小番茄洗净，切去上端，去子挖空。

2. 煮熟的土豆泥、蛋黄、西芹末混在一起，再加入沙拉酱搅匀，做成馅料。

3. 将馅料填入小番茄即成。

第 **295~296** 天

豆腐怎么吃更营养

　　豆腐富含优质蛋白，吃起来易碎又软滑，非常适合宝宝食用。因为宝宝正在快速生长发育，身体需要优质蛋白，但牙齿还未完全长出，不能吃过多的动物蛋白，所以豆腐就是理想的植物性蛋白质来源。

　　但是豆腐也并非吃得越多越好。因为过量食用豆腐容易使体内缺铁、缺碘，而体内缺乏这两种营养素会影响宝宝的智力发育。豆腐食用过多还容易引起腹泻、腹胀等不适，影响肠道的正常吸收，从而阻碍宝宝的生长发育。

　　最好把豆腐和鱼、肉、蛋搭配在一起，做成菜肴，这样既可以避免铁、碘从体内过多排出，还可以弥补豆腐中缺乏的氨基酸，一举两得。

宝宝食谱推荐

肉末烧豆腐

材料 猪里脊肉 100 克，豆腐 150 克，姜末 2 克，香葱 3 克。

调料 水淀粉 5 克。

做法

1. 猪里脊肉洗净，剁成肉末；豆腐洗净，切丁，放入沸水锅中氽烫 2 分钟。

2. 锅中放少许油烧热，开中火，炒香姜末，下入肉末翻炒至变色，豆腐丁下锅，翻炒均匀。

3. 锅中加 2 汤匙水，大火烧开后转中火焖煮 5 分钟，用水淀粉勾芡，撒上香葱，翻炒均匀即可。

第 **297~298** 天

身边的"脑白金"

脑白金的主要保健成分是松果体分泌的褪黑素。科学实验表明，褪黑素由色氨酸转化而成。生活中以下食物富含色氨酸。

小米：小米中的色氨酸含量在所有谷物中是最高的，而且小米蛋白质中不含抗血清素的酪蛋白。色氨酸可以刺激肠道分泌褪黑素，有助于加强褪黑素的安眠作用。

牛奶：牛奶中含有一种能够促进褪黑素生成 L-色氨酸的物质。

香菇：经分析测定，人体必需的 8 种氨基酸中，香菇就含有 7 种，而且多数属于 L-氨基酸，活性高，容易被人体吸收。

葵花子：葵花子含有亚油酸、维生素和色氨酸，能调节人脑细胞正常代谢，提高神经中枢作用，促进褪黑素的分泌。

宝宝食谱推荐

猪肝拌黄瓜

（**材 料**）嫩黄瓜 100 克，熟猪肝 150 克，蒜末、姜末各 3 克。

（**调 料**）香油、醋各 3 克，芝麻酱 1 茶匙。

（**做 法**）

1.黄瓜洗净，切丝，平铺于盘内；熟猪肝用清水冲洗，切丝，置于黄瓜丝上面。

2.起油锅，爆香蒜末、姜末，把蒜末、姜末撒到猪肝丝上。

3.将芝麻酱用温开水调开，加入醋、香油，制成料汁，将料汁淋到盘中，把材料拌匀即成。

第 **299~300** 天

随着发育，水杯也要升级

软嘴饮水杯

宝宝刚开始自己喝水时，可能把握不好递送的力度，也未必就可以一下掌握"喝"的能力。为防止宝宝柔软的嘴唇受到伤害，且不至于把杯里的东西洒得到处都是，妈妈应该选择软嘴的饮水杯，一定要注意防漏。可以选择魔术杯或"不滴落"水杯。

吸管杯

由于宝宝喜欢啃咬吸管，所以刚开始最好选用软管的吸管杯。选购时最好注意选择安全无毒、可高温消毒的材质。宝宝慢慢就会掌握吸而不漏的技巧了。

宝宝食谱推荐

银耳莲子绿豆糖水

材 料 水发银耳、莲子各 15 克，绿豆 50 克，枸杞子 5 粒。

调 料 冰糖 5 克。

做 法

1. 莲子、绿豆洗净，倒入锅中，加水，大火烧开，转小火熬煮 10 分钟。

2. 银耳洗净，撕碎，加入锅中，继续用中火熬煮 10 分钟。

3. 银耳炖至熟烂时，下入冰糖和枸杞子，再用小火煮 5 分钟即可。

365天

宝宝怎么吃每日一读

11 个月

学习咀嚼
要循序渐进

11 个月的宝宝

　　宝宝已普遍长出上下切牙，能咬较硬的食物了。喂养也要由婴儿方式逐渐过渡到幼儿方式，每餐的进食量增加，餐数适当减少。这个时期的宝宝生长发育较迅速，父母要为之补充足够的碳水化合物、蛋白质和脂肪。

11个月宝宝喂养指导

这个月龄的宝宝营养需求和上月没有什么大的差别，每日每千克体重需要供应热量110千卡，蛋白质、脂肪、碳水化合物（糖）、矿物质、维生素、微量元素、纤维素的摄入量和比例也差不多。

这个阶段，有的宝宝可能已经断奶了，饮食也已固定为早、中、晚一日三餐，主要营养的摄取已由奶转为辅食，即宝宝的饮食已不是以母乳（或配方奶）为主，而是由辅食来替代，变辅食为主食。

如果发现宝宝食欲下降，也不必担忧。吃饭时不要硬塞，不要严格规定宝宝每顿的饭量，以免引起宝宝厌食，只要一日摄入的总量不明显减少，体重继续增加即可。

进餐时，要让宝宝保持一个好心情。如果宝宝进餐时哭闹、发脾气，就容易导致食欲缺乏、消化功能紊乱等。

除一日三餐外，妈妈还可给宝宝添加一些小点心。吃点心也应该每天定时，不能随时都喂，有些饭量大的宝宝，没吃点心就长得够胖了，可以用水果代替点心来满足他旺盛的食欲。此外，妈妈在购买点心时，不要选太甜的，如巧克力等不能作为点心给孩子吃。

多和宝宝一起进餐

宝宝的每日三餐可以和大人的进餐时间安排在一起。当宝宝看到大人吃饭的样子时，宝宝的嚼食动作也会有所进步。

当宝宝和大人一同进餐时，吃饭时间要以宝宝为准，以便养成宝宝规律进餐的习惯。

在吃饭时，妈妈要先喂宝宝，然后自己再吃。

有时宝宝会想吃大人的食物，但是不要给他，因为大人的食物对宝宝来说又硬又咸，不适合宝宝吃。

第 **301** 天

宝宝食谱推荐

香蒜面包汤

（材　料）法式面包 100 克，蒜瓣 10 粒，鸡蛋 2 个。

（调　料）盐 1 茶匙，橄榄油少许。

（做　法）

1. 面包切块，鸡蛋打散。

2. 炒锅置火上烧热，倒入橄榄油，炒香蒜瓣，冲入适量热水煮开，淋入蛋液搅成蛋花，加盐调味，放入面包块即可。

西葫芦蛋饼

（材　料）西葫芦 200 克，鸡蛋 2 个，面粉 100 克。

（调　料）盐 1 克。

（做　法）

1. 西葫芦洗净，切成细丝，放到大碗内，调入盐搅拌后，放置 5 分钟。

2. 碗中打入鸡蛋搅散，分几次调入面粉搅拌，直到面糊与西葫芦丝均匀地混合在一起，用勺子盛起呈黏稠状，但还可以缓慢流动（可以稍加点儿水，使面糊更稀些）。

3. 平底锅中倒入少许油，加热至七成热时，调成中火，倒入面糊，双面烙成金黄色即可。

第 302 天

宝宝食谱推荐

鸡肝肉饼

材 料 鸡肝 50 克，猪肉 200 克，鸡蛋 1 个，豆腐 100 克，葱末 3 克。

调 料 酱油 3 克。

做 法

1. 鸡肝、猪肉洗净，分别剁成泥；豆腐洗净后在沸水中煮 2 分钟，沥水后压成泥；鸡蛋只取蛋清，打散。

2. 将鸡肝泥、猪肉泥、豆腐泥混合置于大碗中，放入蛋白液，加入葱末、酱油，搅拌均匀，调成馅料。

3. 将馅料压成一个个圆饼，放入盘中，上笼蒸 15 分钟即可。

糖拌番茄

材 料 番茄 1 个，白砂糖少许。

做 法

将番茄洗净，用开水烫去皮，切片，撒白砂糖拌匀即可。

第 **303** 天

宝宝食谱推荐

南瓜杂粮粥

（**材料**）南瓜 100 克，粳米 50 克，小米 30 克，玉米粒 30 克。

（**做法**）

1. 粳米、小米、玉米粒洗净，加水浸泡半小时；南瓜去皮、去瓤，切成小丁。

2. 锅中加入适量水煮沸，放入粳米、小米、玉米粒、南瓜丁大火煮开，转小火熬煮 20 分钟即可。

海参蛋羹

（**材料**）海参 1 个，鸡蛋 2 个。

（**调料**）盐、香油各少许。

（**做法**）

1. 海参处理干净，切丁；鸡蛋打入碗中，加入 20 毫升凉白开搅打均匀。

2. 将海参丁放入蛋液碗中，盖上保鲜膜，上锅蒸 20 分钟熄火，加盐和香油拌匀即可。

第 **304** 天

宝宝食谱推荐

菠菜鸡肝面

（材 料）挂面 50 克，鸡肝 50 克，菠菜 2 棵，胡萝卜 30 克，高汤 300 毫升。

（做 法）

1. 鸡肝洗净，切片，在开水中汆烫 5 分钟，捞出切碎；菠菜洗净，切碎；胡萝卜洗净，去皮，切碎。

2. 高汤倒入锅中，加适量水煮沸，下入挂面煮 3 分钟，加入鸡肝碎、胡萝卜碎再次煮沸后，加入菠菜碎再煮 1 分钟即可。

奶香豆沙包

（材 料）面粉 200 克，牛奶 250 克，酵母 3 克，豆沙馅 200 克。

（做 法）

1. 将牛奶和酵母混匀，倒入面粉中，揉成光滑柔软的面团，盖上保鲜膜发酵至 2 倍大。

2. 取出发酵好的面团，揉匀揉透，搓成粗条，分切成 10 个剂子，将剂子逐个搓圆，盖上保鲜膜静置 15 分钟。

3. 取剂子，擀圆，放入豆沙馅，提褶捏成豆包，10 个豆包逐个包好，静置 20 分钟后开水上屉，隔水蒸 12 分钟即可。

第 305~306 天

宝宝食谱推荐

菠萝平鱼

材料 平鱼 1 条，菠萝 250 克，柠檬半个。

调料 水淀粉 10 毫升，冰糖 3 克。

做法

1. 平鱼处理干净，在鱼的两侧各划两刀；菠萝洗净，切小块；柠檬洗净，去皮、去子，切块，置于榨汁机中榨成汁。

2. 油锅烧热，放入平鱼，用中火将两面各煎至金黄色，盛出。

3. 锅中留油继续烧热，加入菠萝块，翻炒 1 分钟，再加入水淀粉、冰糖，煮至冰糖溶化，汤浓稠时出锅。

4. 将菠萝料汁浇在平鱼上，最后再淋上柠檬汁即可。

第 **307~308** 天

宝宝食谱推荐

胡萝卜软饼

（**材料**）胡萝卜半根，鸡蛋2个，面粉150克。

（**调料**）盐2克，香油1滴。

（**做法**）

1. 胡萝卜洗净，去皮，擦成丝；鸡蛋打散。

2. 锅中放少许油烧热，下胡萝卜丝，用中小火煸炒至胡萝卜丝变软。

3. 将蛋液倒入炒好的胡萝卜丝中，调入盐、香油拌匀，再倒入面粉和水搅匀。

4. 平底锅内抹油，倒入面糊（薄厚随意），用小火两面煎熟即可。

百合绿豆汤

（**材料**）新鲜百合50克，绿豆50克。

（**做法**）

1. 新鲜百合洗净，撕成小片；绿豆洗净，浸泡一会儿。

2. 锅中加适量水煮沸，放入绿豆大火煮沸，再改小火煮10分钟。

3. 把百合片放入锅中，搅拌均匀，煮1分钟后熄火。

第309天

宝宝食谱推荐

紫菜海味汤

材料 紫菜20克，虾仁5个，香菇2朵，鸡蛋1个，高汤100毫升。

做法

1. 紫菜洗净，撕碎；虾仁洗净，去虾线，剁成泥；香菇洗净，切细丝；鸡蛋打散。

2. 高汤倒入锅中，加适量水，大火煮开，放入紫菜碎、虾泥、香菇丝，再次煮开。

3. 转小火煮15分钟左右，淋入蛋液，再煮1分钟即成。

猕猴桃蛋饼

材料 猕猴桃半个，鸡蛋1个，配方奶50毫升，酸奶100毫升。

做法

1. 猕猴桃洗净，去皮、切块；鸡蛋打入碗内，加入配方奶搅匀。

2. 平底锅放入少许油，将蛋液倒入锅中煎成饼。

3. 将猕猴桃块码在蛋饼上，再淋上酸奶即成。

宝宝食谱推荐

南瓜百合粥

（材 料）粳米 50 克，南瓜 50 克，鲜百合 10 克，枸杞子 5 粒。

（做 法）

1. 粳米淘洗干净，浸泡 30 分钟；南瓜去皮、去瓤，洗净，切块；鲜百合去皮，洗净，掰成片，焯水烫透，捞出沥干。

2. 锅中加水，大火烧开，放入粳米煮沸，再下入南瓜块、百合片、枸杞子，大火烧开后再转小火煮 20 分钟即可。

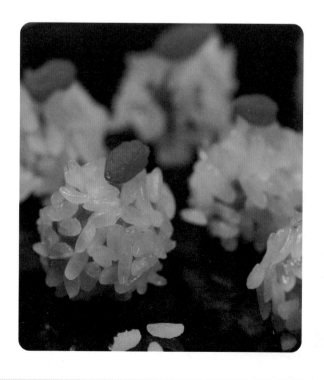

刺猬丸子

（材 料）猪肉馅50克，鸡蛋 1 个，糯米 25克，葱末、姜末各少许，枸杞子适量。

（调 料）水淀粉10克，香油、料酒各少许。

（做 法）

1. 糯米洗净，凉水泡 40 分钟，沥干水。

2. 猪肉馅放入盆内，打入鸡蛋，加葱末、姜末、水淀粉、香油、料酒、清水，用力搅拌至有黏性后，搓成大小相等的丸子。

3. 将丸子逐个粘一层糯米，加枸杞点缀，放入盘内，上笼用旺火蒸 25 分钟即成。

234

第**311**天

宝宝食谱推荐

清蒸三文鱼

材　料 三文鱼肉 300 克，葱丝、姜丝各少许。

调　料 生抽 3 克。

做　法

1. 将三文鱼肉洗净，置于盘内，姜丝铺在鱼肉表面，入锅中隔水蒸 8 分钟。

2. 将葱丝铺在蒸好的鱼肉上，再淋上生抽。

3. 炒锅烧热，倒入少许油，油冒烟后迅速浇在葱丝上面即可。

缤纷水果捞

材　料 苹果、火龙果、橙子、香蕉、西瓜各适量。

调　料 椰浆 50 克，淡奶 50 克，冰糖 10 克，清水 150 克。

做　法

1. 将所有水果的果肉切成小粒，大小尽量保持一致。

2. 取一只小锅，锅中倒清水，放入冰糖，小火将冰糖熬化，制成冰糖水，倒入碗中放凉。

3. 碗中再加入椰浆、淡奶，搅拌均匀后，放入冰箱内冷藏 25 分钟取出。

4. 将切好的水果粒放入碗中拌匀即可。

第 **312~313** 天

宝宝食谱推荐

猪肝瘦肉粥

（**材　料**）鲜猪肝 50 克，鲜瘦猪肉 50 克，粳米 50 克。

（**调　料**）生抽 3 克。

（**做　法**）

1. 鲜猪肝和鲜瘦猪肉洗净，剁成泥，混在一起搅拌均匀，淋入生抽，腌 5 分钟；粳米淘洗干净。

2. 锅中加入适量水煮沸，将洗净的粳米倒入锅中大火煮沸，转小火熬煮 10 分钟。

3. 锅中再加入腌好的肉泥，继续用小火熬煮 10 分钟即可。

番茄疙瘩汤

（**材　料**）番茄半个，鸡蛋 1 个，面粉 100 克，姜末少许。

（**调　料**）生抽、香油各少许。

（**做　法**）

1. 番茄洗净，切小块；鸡蛋打散。

2. 炒锅放油烧至八成热，煸姜末，放入番茄小块炒出红油，淋一点生抽，加入适量水，大火烧沸。

3. 将水龙头水量调小，让水缓缓滴在盛有面粉的碗中，用筷子将面粉拌成小粒，再轻轻地把小面粒拨到锅里，煮沸后淋入蛋液，再次煮沸，加香油调味即可。

第 **314~315** 天

宝宝食谱推荐

牛肉海带软饭

材料 稀饭 50 克，牛肉 50 克，海带 10 克，豆腐 10 克，肉汤（或水）100 毫升。

做法

1. 牛肉放到冷水中，浸泡 30 分钟后去除血水，然后放入高压锅中煮熟，剁碎；海带放到水里浸泡后切碎；豆腐焯水后切碎。

2. 将牛肉碎、海带碎、豆腐碎、稀饭、肉汤一起放入锅中煮沸，再转小火煮 5 分钟，搅拌均匀即可。

第 316 天
宝宝食谱推荐

小米金瓜鸡肉粥

材 料 鸡肉 100 克，小米 30 克，糯米 30 克，南瓜 100 克，去核红枣 3 颗，熟栗仁 50 克。

做 法

1. 鸡肉洗净，切片，隔水蒸 10 分钟后切碎；糯米、小米淘洗干净；南瓜去皮、去瓤，切小块；红枣洗净；熟栗仁切碎。

2. 将鸡肉碎、糯米、小米、南瓜块和红枣一起放入锅里，加适量水，大火烧开后改小火，熬煮 1 个小时左右至熟，关火。

3. 粥中加入栗子碎，拌匀即成。

第 **317** 天

宝宝食谱推荐

土豆山药泥肉丸子

（**材　料**）猪肉150克，土豆半个，山药100克，胡萝卜80克，香菇3朵，姜末5克。

（**做　法**）

1. 猪肉洗净，剁成泥；土豆、山药、胡萝卜分别去皮，洗净，切块；香菇洗净，切碎。

2. 将土豆、山药和胡萝卜一起蒸10分钟后压成泥，放入猪肉泥中，再加入香菇碎、姜末，搅拌均匀，捏成一个个丸子。

3. 将丸子置于蒸锅中，隔水中火蒸10分钟即可。

豆腐软饭

（**材　料**）粳米100克，豆腐、青菜各100克，骨头汤300毫升。

（**做　法**）

1. 粳米淘洗干净；豆腐洗净，捣成泥；青菜洗净，切末。

2. 锅中放入粳米及适量水，煮成软饭。

3. 锅中加入骨头汤，中火熬煮5分钟，加入豆腐泥、青菜末，继续煮3分钟即成。

宝宝食谱推荐

毛豆粥

材料 毛豆 100 克，粳米 50 克。

做法

1. 毛豆洗净，去皮、去膜，煮 10 分钟后放入搅拌器中打碎；粳米洗净。

2. 锅中放入洗净的粳米及适量的水，大火煮开，转小火熬煮 20 分钟。

3. 将打碎的毛豆放入煮好的粥中拌匀即可。

宝宝食谱推荐

牛肉菌类炖饭

材　料 稀饭 70 克，牛肉 30 克，香菇 20 克，平菇 30 克，金针菇 10 克，奶酪片 20 克，母乳（或冲调好的配方奶）140 毫升。

做　法

1. 将牛肉、平菇、香菇、金针菇分别洗净，切碎。

2. 将稀饭和上述食材以及母乳（或冲调好的配方奶）倒入小锅里煮 7 分钟。

3. 将奶酪片放入锅中，待奶酪片完全化开后熄火即可。

鸡蛋番茄柳叶面片

材　料 面粉、鸡蛋番茄卤汤各适量。

做　法

1. 面粉加水，和好面团，揉匀后用擀面杖擀成大薄片，横向切成 1 厘米宽的小条，再斜着切成 2 厘米刀距的斜条，切成平行四边形的面片。

2. 起锅烧水，将面片煮熟后捞出。

3. 将面片拌入鸡蛋番茄卤汤即可。

第**320**天

宝宝食谱推荐

圆白菜烫面麦穗包

材料 面粉 200 克，圆白菜 150 克，鸡蛋 1 个，粉丝 25 克，虾皮 15 克、葱末、姜末各少许。

调料 盐、香油各适量。

做法

1. 圆白菜洗净，用开水焯后切碎；鸡蛋炒熟，切碎；粉丝泡软，切碎；虾皮洗净，切碎。

2. 将上述材料混合在一起，再依次放入葱末、姜末、盐、香油调匀，拌好馅料。

3. 面粉中倒入热水搅拌成絮状，再和成面团，盖保鲜膜静置 10 分钟后，将面团揉匀，搓成长条，切成适量大小的剂子，擀成包子皮。

4. 用包子皮包上适量的馅料，捏成一个个麦穗包，都放入水开的蒸锅中，大火蒸 10 分钟，关火再焖 2 分钟即可出锅。

宝宝食谱推荐

南瓜蛋饼

(材料) 去皮南瓜 200 克，鸡蛋 2 个，面粉 50 克。

(调料) 盐少许，花椒粉少许。

(做法)

1. 南瓜擦成丝，放入少许盐和花椒粉，打入鸡蛋，放入面粉，搅拌成糊状。

2. 平底锅烧热，倒入少许油，晃动锅，使锅底铺满油。

3. 舀入一勺面糊，在平底锅中摊薄，待一面凝固后翻面，煎至两面呈金黄色时出锅。

4. 将南瓜蛋饼切成小块，装盘即可。

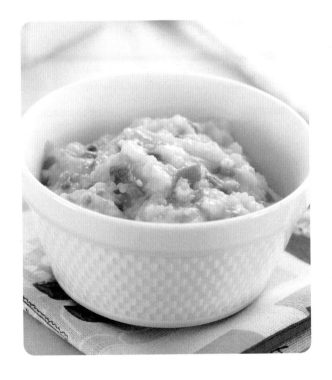

胡萝卜牛肉软饭

(材料) 米饭 100 克，牛肉 50 克，洋葱 10 克，青椒 10 克，胡萝卜 10 克。

(调料) 橄榄油少许。

(做法)

1. 牛肉洗净，切成小粒；洋葱、青椒、胡萝卜分别洗净，切成小粒。

2. 将少许橄榄油抹在烧热的平底锅中，然后按顺序分别放入洋葱粒、胡萝卜粒、牛肉粒、青椒粒翻炒。

3. 将米饭放入锅中翻炒均匀，再加入少许水炒至米饭软烂即可。

第 **322** 天

宝宝食谱推荐

香菇红枣鸡肉粥

材料 粳米 50 克，香菇 2 朵，红枣 5 颗，鸡肉 150 克。

做法

1. 粳米淘洗干净；红枣洗净，去核；香菇泡软洗净，切小块；鸡肉洗净，剁成泥。

2. 锅中放入水煮沸，把粳米倒入锅中煮沸，再加入香菇碎、红枣、鸡肉泥，大火煮开，转小火熬煮 20 分钟即可。

第 **323** 天

宝宝食谱推荐

奶酪煎蛋卷

材 料 鸡蛋 2 个，牛奶 50 毫升，块状奶酪 30 克，香肠 30 克，小番茄 30 克，生菜 30 克。

调 料 无盐黄油 10 克，盐、番茄沙司各少许。

做 法

1. 鸡蛋打散，加入牛奶拌匀，加盐调味；块状奶酪和香肠切小粒；小番茄洗净，切块；生菜洗净。

2. 平底锅中放入无盐黄油化开，倒入蛋液，转动平底锅，让蛋液铺满锅底。

3. 待蛋液稍稍凝固时，把奶酪碎和香肠碎撒在一半的蛋饼上，将蛋饼对折，继续煎至奶酪融化，蛋液全部凝固。

4. 盘中铺入生菜，蛋饼盛出置于生菜上，摆上小番茄，淋上番茄沙司即可。

第 324~325 天
宝宝食谱推荐

红薯南瓜饭

材 料 粳米 50 克，红薯 100 克，南瓜 100 克。

做 法

1. 粳米淘洗干净；红薯洗净，去皮，切小块；南瓜去皮、去瓤，切小块。

2. 锅中放入水煮沸，把粳米倒入锅中，加入南瓜块和红薯块，大火煮开，转小火熬煮 20 分钟即可。

丝瓜鸡蛋汤

材 料 丝瓜 1 根，鸡蛋 1 个，香葱花少许。

调 料 香油少许。

做 法

1. 丝瓜洗净，去皮，切片；鸡蛋打散，搅拌均匀。

2. 锅中放少许油烧热，放入丝瓜片，炒匀。

3. 锅中倒入适量水，大火煮沸，淋入蛋液，搅拌均匀。

4. 撒上香葱花，淋上香油调味后熄火。

第 **326** 天

宝宝食谱推荐

味噌豆腐汤

材　料 嫩豆腐 100 克，海带 20 克，虾仁 3 个，金针菇 10 克，豆芽 10 克。

调　料 味噌 10 克。

做　法

1. 嫩豆腐切小块；海带泡软，洗净，切小块；虾仁洗净；金针菇剪去根部，洗净，切段；豆芽洗净。

2. 锅中放入适量水，依次放入海带、豆腐块、金针菇大火煮沸，放入味噌调匀，继续煮 5 分钟。

3. 放入虾仁煮 2 分钟，最后放入豆芽继续煮 2 分钟后熄火。

缤纷三明治卷

材 料 吐司2片，生菜叶2片，黄瓜1段，番茄2片，白煮蛋1个，火腿2片，紫甘蓝1片。

调 料 黑胡椒粉、盐各适量。

做 法

1. 黄瓜洗净，切成细条；紫甘蓝洗净，切丝；白煮蛋去壳，对半切开。

2. 保鲜膜平铺在操作台上，长度至少是吐司宽度的3倍，在1/3处放上一片吐司。

3. 在吐司上铺一片生菜叶，放上火腿片和番茄片，再把白煮蛋放在正中间，旁边摆上黄瓜条和紫甘蓝条，把所有食材尽量往中间推。

4. 在蔬菜上撒上适量黑胡椒粉和盐，再盖上另一片生菜叶，放上另一片吐司。

5. 手压住吐司，用保鲜膜将吐司卷紧，裹成为一个圆柱体，两端拧上。

6. 用面包刀将三明治切成两块，食用时去掉保鲜膜。

第 327 天

宝宝食谱推荐

海鲜粥

材料 粳米50克，虾2只，鲷鱼50克，芹菜30克，姜丝少许。

做法

1. 粳米淘洗干净；虾去壳及肠线，洗净，氽烫捞出；鲷鱼洗净，切片，氽烫捞出；芹菜洗净，切成碎丁。

2. 粳米放入锅中加适量水煮沸，再用小火煮30分钟。

3. 将虾仁和鲷鱼片、芹菜丁、姜丝放入粥锅中，大火煮沸至虾仁熟透即可。

海苔饭团

材料 米饭150克，海苔片若干，肉松50克。

调料 寿司醋1大匙，寿司酱油少许，白糖2克，橄榄油少许。

做法

1. 米饭中放入寿司醋，搅拌均匀；寿司酱油中加入白糖拌匀，调成酱汁。

2. 取适量米饭压扁，再放上适量肉松包起来，捏成紧实的三角形饭团。

3. 平底锅刷薄薄一层橄榄油，小火烧热，放入饭团，烤至微焦后翻面刷酱汁，另一面烤至微焦后，也翻面刷酱汁。

4. 两面都烤至金黄色后出锅，用一片海苔包住饭团即可。

第 328~329 天

宝宝食谱推荐

芹菜虾仁馄饨

馄饨皮

（材料）面粉 200 克，菠菜汁 100 克。

（调料）盐 2 克。

馅料

（材料）猪肉末 100 克，鲜虾仁 100 克，芹菜 200 克，葱末、姜末各适量。

（调料）料酒 1 小匙，生抽 1 小匙，香油 2 小匙。

汤料

（材料）紫菜碎、虾皮、榨菜末、香菜末、蛋皮丝各适量。

（调料）盐、香油、胡椒粉各适量。

（做法）

1. 做馄饨皮。面粉中加盐混匀，倒入菠菜汁，揉成光滑偏硬的面团，松弛一会儿后擀成薄面皮，制成馄饨皮。

2. 调馅料。鲜虾仁去虾线，洗净后剁碎，和猪肉末混合，放入葱末、姜末、料酒、生抽搅匀，再将洗净后的芹菜切成细粒倒入，加香油搅拌均匀，调制好馅料。

3. 包馄饨。取馄饨皮，加入馅料包成馄饨，一个一个包好。

4. 煮馄饨。锅里烧开足量水，放馄饨煮熟。

5. 调汤。碗中放入紫菜碎、虾皮、榨菜末、香菜末、胡椒粉、盐、香油，倒入煮馄饨的沸汤冲开。

6. 出锅。从锅中捞出馄饨放入汤碗中，最后放入蛋皮丝即可。

第 330 天

宝宝食谱推荐

茄丁肉末拌面

材料 茄子 200 克，猪肉末 100 克，面条 100 克，姜丝 2 克。

调料 酱油 1 茶匙，香油、花椒粉各少许。

做法

1. 茄子洗净，去皮，切丁；猪肉末中加入酱油、香油、花椒粉拌匀成肉馅。

2. 锅中倒油烧至五成热，放入猪肉末炒至变色后盛出。

3. 锅中留底油炒香姜丝，再放入茄丁翻炒，倒入炒好的猪肉末，加少许水，大火煮 5 分钟后盛出。

4. 面条煮熟，淋入茄丁肉末酱，拌匀即可。

蔓越莓核桃玉米发糕

材料 高筋面粉 150 克，玉米粉 75 克，酵母粉 6 克，牛奶 160 克，蔓越莓干 30 克，核桃仁 30 克。

调料 白糖 18 克。

做法

1. 蔓越莓干、核桃仁分别切碎。

2. 把高筋面粉、玉米粉和白糖放入面包机中，加入酵母粉和牛奶，启动"和面"功能，在"和面"程序的最后两分钟，倒入蔓越莓碎和核桃仁碎，一起和匀，然后取出面团，收圆。

3. 棉纱布用水浸湿后拧干，铺在蒸笼里，将面团放在纱布上，按压面团使其摊平在笼屉里。

4. 待面团发酵至原体积的 2.5 倍大时，开水上锅，大火蒸 20 分钟后取出。

5. 揭掉纱布，发糕放凉后切块即可。

365天

宝宝怎么吃每日一读

12个月

细嚼慢咽，培养宝宝
饮食好习惯

12个月的宝宝

这个月的宝宝已经基本能够行走了，这一变化使宝宝的眼界突然变得开阔。这个时期，好奇宝宝很多事都愿意自己动手做，虽然还拿不好勺子，但是喜欢拿着食物吃，不喜欢妈妈喂了。

12个月 宝宝喂养指导

12个月的宝宝可吃的蔬菜种类增多了，除了刺激性大的蔬菜，如辣椒、辣萝卜，基本上都能吃。要注意烹饪方法，尽量不给宝宝吃油炸的菜肴。随着季节吃时令蔬菜是比较好的，尤其是在北方，反季菜都是大棚菜，营养价值不如大地菜。最好也随着季节吃时令水果，但柿子、黑枣等不宜给宝宝吃。大部分12个月的宝宝已经或即将断母乳了，饮食结构会有较大的变化。除了三餐两顿点心之外，早晚还要各喝一次配方奶。辅食提供总热量2/3以上的能量，成为宝宝的主要食物。

这个月里，宝宝能吃的饭菜种类很多，如面条、面包、馒头、花卷等，但由于宝宝的臼齿还未长出，不能把食物咀嚼得很细，因此，饭菜还是要做得细软一些，以便于消化。这时食物的营养应该更全面、更充分，除了瘦肉、蛋、鱼、豆浆外，还有蔬菜和水果。食物要经常变换花样，巧妙搭配，尽早培养宝宝独立进食习惯。

从现在开始，宝宝的饮食生活已基本和家庭其他成员的一致。父母能吃的日常食物，宝宝一般都能吃了，所以即使不为宝宝特别另做，吃现有的东西也没有什么问题。妈妈仍有母乳的，可在宝宝早起后、午睡前、晚睡前、夜间醒来时喂奶，尽量不在三餐前后喂，以免影响进餐。

养成良好的饮食习惯

有些营养丰富的食物在味道上可能不太容易被宝宝接受，此时，父母的示范作用非常重要。如许多宝宝开始都不喜欢吃胡萝卜，但当他们看到爸爸妈妈大口地吃着胡萝卜时，就会有兴趣尝试一下。就算宝宝坚持不肯吃，也可以在下次换个做法，吃给宝宝看，慢慢地，他就会有兴趣了。

这个时期的宝宝开始咿呀学语，十分可爱，但在吃饭或喂食的时候，一定不要逗引宝宝说笑，否则食物有可能呛入气管，引起危险，同时也不利于良好进食习惯的养成。

第331天
宝宝食谱推荐

肉末青菜抻面

材　料 面粉 100 克，猪肉末 100 克，油菜 100 克，葱花、姜丝各适量。

调　料 料酒、生抽各 1 小匙，盐、香油各适量。

做　法

1. 面粉中加入适量水，充分揉匀成光滑的软面团，盖保鲜膜松弛半小时；油菜洗净，切小段。

2. 案板上面铺一层面粉，将面团擀开成长方形薄片，切成宽条，盖保鲜膜松弛 5 分钟。

3. 炒锅油烧热，倒入肉末，大火炒至变色，下葱花、姜丝，淋入料酒、生抽翻炒，倒入足量的水大火煮沸。

4. 将切好的宽面条逐个抻长、抻薄，放入锅中，最后一根面片入锅后再煮 1 分钟左右，放入切小段的油菜，开锅后调入盐、香油熄火即可。

五香鸡翅

材 料 鸡翅 5 个，葱段、姜片各适量，花椒 10 粒，八角 1 粒。

调 料 生抽 10 克，老抽 5 克，冰糖 10 克。

做 法

1. 锅中烧水，放适量的葱段、姜片，开锅后下鸡翅焯水祛腥，水沸腾后将鸡翅捞出，沥水。

2. 另起锅，放入少许油，下入冰糖，小火炒至融化，放入鸡翅，让每个鸡翅都沾上糖稀。

3. 锅中放入葱段、姜片、花椒、八角，翻炒一会儿，淋入生抽，倒水没过鸡翅。

4. 大火煮沸，再改小火煮半小时，最后下入老抽调味、调色，盛出即可。

第 **332** 天

宝宝食谱推荐

鸡汤米线

(材料) 鸡汤 500 克，干米线 100 克，鲜香菇 2 朵，生菜 50 克，豆芽 30 克，豆皮 20 克，枸杞子 5 克。

(调料) 盐、胡椒粉、香油各少许。

(做法)

1. 干米线泡软；鲜香菇洗净，切片；生菜、豆芽分别洗净；豆皮切丝；枸杞子洗净泡软。

2. 烧开一锅水，把生菜、豆芽、香菇片、豆皮丝依次放入焯熟，捞出冲水。

3. 烧水，将米线煮熟后盛入大碗中，再放入所有配菜，撒少许盐、胡椒粉和香油。

4. 锅中加入鸡汤和枸杞子，大火煮沸后，把汤浇在米线碗中即可。

白菜肉卷

(材料) 白菜叶 2 片、猪肉馅 100 克，葱末、姜末各 2 克。

(调料) 料酒、酱油各 2 克。

(做法)

1. 白菜叶洗净，用开水烫一下；猪肉馅放入葱末、姜末、料酒、酱油拌匀。

2. 将调好味的猪肉馅放在摊开的白菜叶上，卷起，呈筒状，放入盘内，上笼蒸 30 分钟即成。

第**333**天

宝宝食谱推荐

肉丸奶酪焗饭

材 料 猪肉末、牛肉末各 100 克，马苏里拉奶酪碎 40 克，鸡蛋 1 个，面包糠、洋葱各 50 克，米饭 200 克。

调 料 无盐黄油 10 克，盐 5 克，黑胡椒碎少许，色拉油适量。

做 法

1. 猪肉末和牛肉末放入盆中，加入黑胡椒碎和盐搅拌均匀；洋葱洗净，切碎。

2. 无盐黄油放入平底锅中，烧热化开，放入洋葱碎，炒软后盛出。

3. 将鸡蛋、面包糠和炒好的洋葱碎加入肉馅中，朝一个方向搅打至上劲。

4. 用手将肉馅挤成比乒乓球略小的肉丸。

5. 锅中倒入适量色拉油烧热，将做好的肉丸放入锅中煎，保持小火，不断滚动肉丸使其均匀受热，煎至肉丸表面变为棕色即可熄火。

6. 烤碗底部铺一层米饭，摆上几颗肉丸，均匀地撒上马苏里拉奶酪碎。

7. 烤碗放入预热好的烤箱中，上下火 210℃烤 10 分钟即可。

第 334 天

宝宝食谱推荐

椰香杧果糯米饭

材料 糯米 50 克，泰国香米 100 克，杧果 1 个。

调料 椰浆(或椰汁)200 毫升，白糖 20 克。

做法

1. 将糯米和泰国香米混合后洗净；将椰浆和白糖混合后搅拌均匀，倒入米中，浸泡 2 ~ 4 小时；杧果去皮、去核，取果肉，切条。

2. 蒸饭时米和水的比例应为 1 : 2 左右，椰浆不够可加水，高火蒸 20 分钟后，转小火再蒸 20 分钟，关火后再焖半小时。

3. 取出米饭，稍凉后盛出，将杧果条放在米饭上即可。

糖醋荷包蛋

材料 鸡蛋 1 个，葱末、姜末、蒜末各少许。

调料 白糖、醋、生抽、水淀粉各 1 茶匙。

做法

1. 锅中加少许油烧热，将鸡蛋打入锅中，煎成荷包蛋，盛出放入盘中。

2. 另起油锅加热，下入白糖炒至呈红褐色时，放入醋、生抽、葱末、姜末、蒜末，添加温水，烧沸，下入水淀粉勾芡，浇在鸡蛋上即成。

第 **335** 天

宝宝食谱推荐

卷心菜虾仁炒饭

（材料）米饭 100 克，卷心菜 50 克，虾仁 5 个，甜玉米粒 20 克，姜丝、葱花各少许。

（调料）生抽少许。

（做法）

1. 卷心菜洗净，切丝；虾仁去除虾线，洗净，倒入生抽腌制片刻。

2. 锅中放油烧热，放入姜丝炒香，再放入腌制好的虾仁炒至变色，再放入甜玉米粒翻炒均匀。

3. 锅中倒入米饭，翻炒均匀，再放入卷心菜丝炒匀，最后撒入葱花，即可出锅。

鲜虾芦笋沙拉

（材料）虾仁 100 克，芦笋 50 克。

（调料）盐、香油各少许。

（做法）

1. 芦笋洗净，入沸水中（水里加一点儿盐和食用油）焯烫后过水，沥干切段；虾仁洗净，去除肠线，放入焯芦笋的锅中，焯烫至熟后盛出。

2. 将虾仁、芦笋放入容器中，淋上香油拌匀即可。

第 **337** 天

宝宝食谱推荐

萝卜牛肉丸汤

材 料 青萝卜100 克，牛肉丸 5 个，姜丝少许。

调 料 香油少许。

做 法

1. 青萝卜洗净，去皮，擦细丝；牛肉丸都对半切开。

2. 锅中放入适量水，放入姜丝煮沸，再放入切开的牛肉丸，煮 10 分钟。

3. 锅中再放入萝卜丝，煮 5 分钟，最后淋少许香油调味熄火。

鸡腿豆腐白菜煲

材 料 琵琶腿一只，豆腐 100 克，白菜 100 克，姜丝 3 克。

调 料 生抽少许。

做 法

1. 琵琶腿洗净，剁成小块，沸水汆烫后捞出；豆腐切成小块；白菜洗净，撕成小块。

2. 将鸡腿块放入砂锅中，加入清水、姜丝、生抽，开锅后小火炖煮半小时。

3. 另起一炒锅，倒入少许油烧热后，放入豆腐，煸炒至两面金黄。

4. 将豆腐盛出放入炖琵琶腿的砂锅中，继续炖煮 10 分钟即可。

第 338 天

宝宝食谱推荐

胡萝卜素馅饼

材料 面粉 200 克，干木耳 10 克，胡萝卜 100 克，西葫芦 100 克，豆腐皮 50 克，鸡蛋 2 个，葱末 20 克，虾皮 20 克。

调料 盐少许，香油 5 克，色拉油适量。

做法

1. 干木耳泡发，洗净，切成末；胡萝卜、西葫芦、豆腐皮分别洗净，切成丝；鸡蛋打散。

2. 锅中放油烧热，倒入鸡蛋液，炒散成鸡蛋碎盛出。

3. 将鸡蛋碎、木耳末、西葫芦丝、胡萝卜丝和豆腐皮丝一起放入容器中拌匀，再加入葱末、虾皮、盐、香油、色拉油搅拌均匀，做成馅料。

4. 面粉加入适量清水，揉成光滑的面团，盖上保鲜膜静置 20 分钟。

5. 将面团做成一个个剂子，都擀成包包子大小的面皮。

6. 取适量馅料放在面皮中央，将面皮边缘捏合，褶皱尽量捏小、捏紧，做成一个个生馅饼。

7. 平底锅放少许油，将生馅饼捏口朝下，放入锅中，用锅铲压扁，小火烙 5 分钟后翻面，再烙 5 分钟，待两面烙成金黄色盛出即可。

第 **339** 天

宝宝食谱推荐

黑芝麻葱油小花卷

材　料 面粉 200 克，酵母 4 克，牛奶 150 克，黑芝麻 20 克，葱花适量。

调　料 盐、油各适量。

做　法

1. 酵母和牛奶混匀，倒入面粉中，揉成光滑的面团，盖上保鲜膜，发酵至原体积的 2 倍大。

2. 取出面团，在案板上用力将面团揉匀揉透，排出气泡，再搓成长粗条。

3. 将长粗条的面团擀成宽 15 厘米左右的长方形面片。

4. 面片上刷上油，均匀地撒上盐、黑芝麻和葱花。

5. 将面片再切成细条。

6. 以 8 根细条为一组，将筷子从底部插进，从中间位置挑起，左手捏住两端，先轻轻抻长。

7. 右手将筷子纵向拧一圈，拧到底部压住左手端，抽出筷子，即成小花卷坯。

8. 静置 20 分钟后，开水上锅，大火蒸 10 分钟即可。

步骤 1　　　　步骤 2　　　　步骤 3　　　　步骤 4

步骤 5　　　　步骤 6　　　　步骤 7　　　　步骤 8

宝宝食谱推荐

烤鸡肉三明治

材料 吐司 3 片，鸡胸肉 100 克，生菜适量，奶酪 1 片。

调料 生抽 10 克，花椒粉 3 克，料酒 10 克，香油少许，黄芥末酱适量。

做法

1. 鸡胸肉洗净，切成 2 片，加入生抽、花椒粉、料酒、香油拌匀，腌制 10 分钟。生菜洗净，切成细丝。

2. 烤盘上铺上锡纸，锡纸上刷一层薄油，放入鸡胸肉片。

3. 烤箱预热至 200℃，放入盛鸡胸肉片的烤盘，烤 10 分钟后，取出烤盘，将鸡胸肉翻面，继续烤 5 分钟后取出。

4. 取 1 片吐司放入 1 片烤好的鸡胸肉和适量切好的生菜丝，淋上黄芥末酱，继续放第 2 片吐司，顺序摆上另一片烤好的鸡胸肉和奶酪片，继续放上第 3 片吐司，压紧。

5. 切去四边，用保鲜膜包紧即可。

蔬菜苹果粥

材 料 大米 50 克,苹果、芹菜、番茄、圆白菜、玉米粒各 30 克。

做 法

1. 大米淘洗干净;苹果、芹菜、番茄、圆白菜分别洗净,切成小丁;玉米粒洗净。

2. 锅中加入适量水煮开,放入大米,大火煮沸,再转小火煮 20 分钟。

3. 锅中再放入苹果丁、芹菜丁、番茄丁、圆白菜丁、玉米粒改小火煮 10 分钟后熄火。

第 **341** 天

宝宝食谱推荐

韭菜玉米饼

（材 料）玉米面 100 克，韭菜 50 克，鸡蛋 2 个，虾皮 5 克。

（调 料）盐、香油各少许。

（做 法）

1. 玉米面内加水，将玉米面调成半湿，至看起来有些松散，但手攥可成团的程度；韭菜洗净，切碎；虾皮切碎。

2. 将鸡蛋打入韭菜碎中，虾皮碎也倒入其中，调入适量的盐和香油，搅拌均匀成韭菜馅。

3. 平底锅内薄薄涂一层油，取一些玉米面糊倒入锅中，用勺子或用手将面糊压平压薄，再将适量韭菜馅放玉米饼上摊匀。

4. 锅中下入所有韭菜玉米饼，盖上盖子，小火烙 4 ~ 5 分钟至熟即可。

虾仁菜花

（材 料）虾仁 5 只，菜花 100 克。

（做 法）

1. 虾仁洗净，去虾线，切碎，隔水蒸 8 分钟。

2. 菜花洗净，掰成小朵，放入开水中煮 2 分钟至熟，捞出沥水，切碎。

3. 将虾仁和菜花放在一起，拌匀即可。

第342天

宝宝食谱推荐

蒸蔬菜豆腐丸子

材 料 豆腐 100 克，番茄半个，油菜 1 棵，高汤 300 毫升。

调 料 水淀粉适量。

做 法

1.豆腐洗净，倒入开水中煮 1 分钟，捞出捣成泥；油菜洗净，切碎；番茄洗净，用开水烫去皮，切成粒。

2.豆腐泥中加入水淀粉拌匀，做成豆腐丸子，隔水蒸 8 分钟后盛出。

3.将油菜碎与番茄粒倒入高汤中，中火煮 2 分钟，用水淀粉勾芡，淋在豆腐丸子上即可。

韩式蛋包饭

（材　料）米饭 150 克，洋葱丁 30 克，里脊肉丁 50 克，鸡蛋 1 个，西蓝花 50 克。

（调　料）韩式辣白菜汁，番茄沙司、盐各少许。

（做　法）

1. 炒锅放油烧热，放入洋葱丁煸炒，再放入里脊肉丁炒至变色，加入米饭翻炒均匀，倒入韩式辣白菜的汁调味，炒匀后将炒饭盛出。

2. 平底锅抹一层油，烧热，淋入蛋液，晃动锅，将蛋液铺满锅底，蛋饼表面半凝固时放入炒饭，用蛋皮将炒饭包起来，盛入盘中，淋上番茄沙司。

3. 西蓝花洗净，掰成小朵，放入加少许盐的沸水中汆烫，颜色变深时捞出，迅速冲凉水并沥干，摆入盛蛋包饭的盘中即可。

土豆焗杂蔬

材　料 土豆 100 克，鲜豌豆、胡萝卜丁、甜玉米粒各 20 克，虾仁 5 个，马苏里拉奶酪碎 100 克。

调　料 盐、黑胡椒粉各少许。

做　法

1. 土豆洗净，去皮，切块，蒸熟后放盐和黑胡椒粉拌匀，压成泥状；虾仁去肠线，洗净，切粒。

2. 煮一小锅开水，放入鲜豌豆、胡萝卜丁、甜玉米粒、虾仁粒，煮 2 分钟后盛出，冲水，沥干。

3. 将土豆泥放入比萨盘中抹平，撒上煮好的鲜豌豆、胡萝卜丁、甜玉米粒、虾仁粒，再撒上一层马苏里拉奶酪碎。

4. 将比萨盘放入预热的烤箱，上下火 200℃ 烤制 8 分钟即可。

第344天
宝宝食谱推荐

金枪鱼沙拉

材料 金枪鱼肉（罐头）50克，番茄半个，生菜50克，洋葱、土豆各20克。

调料 沙拉酱10克。

做法

1. 将番茄洗净，用开水烫去皮，切碎；生菜、洋葱分别洗净，切碎；土豆洗净，去皮，切片，蒸熟后压成泥。

2. 将番茄碎、生菜碎、洋葱碎、土豆泥和金枪鱼肉放入盘中，淋入沙拉酱搅拌均匀即可。

丝瓜豆腐汤

材料 丝瓜50克，豆腐50克，香菇1朵。

做法

1. 丝瓜洗净，去皮，切成滚刀块；豆腐切小块，汆烫捞出；香菇提前泡发，切成小块。

2. 锅置火上，加油烧至五成热，放丝瓜块煸炒，再放入香菇块翻炒，加水煮沸后放豆腐块，大火煮5分钟即可。

第 **345** 天

宝宝食谱推荐

红薯鳕鱼饭

（材料）红薯 50 克，鳕鱼肉 100 克，莜麦菜（菠菜、小白菜均可）50 克，米饭 1 小碗。

（做法）

1. 红薯洗净，去皮，切块，蒸熟；鳕鱼肉洗净，放入沸水中汆烫，捞出沥水，切碎；莜麦菜洗净，入开水中焯一下，捞出沥水，切碎。

2. 锅内放入红薯块、鳕鱼碎、莜麦菜碎和适量水，大火煮开后转小火煮 5 分钟，加入米饭搅拌均匀即可。

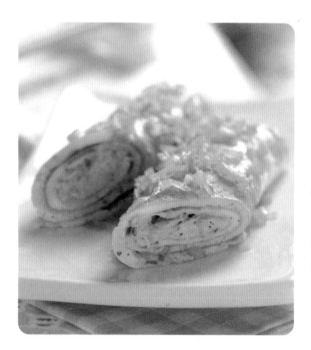

香芹蟹肉蛋卷

（材料）鸡蛋 2 个，蟹肉棒 4 根，香芹碎20克。

（调料）盐、黑胡椒粉各少许，沙拉酱适量。

（做法）

1. 鸡蛋打散；蟹肉棒撕成细丝，放入盐、黑胡椒粉、沙拉酱拌匀。

2. 平底锅烧热，放入少许油，淋入蛋液，轻轻晃动平底锅，使蛋液成为一个蛋饼，蛋液稍凝固时，铺上蟹肉棒丝，慢慢用蛋饼卷起后出锅。

3. 将蛋卷切段，放入盘中，撒上香芹碎即可。

第 **346** 天

宝宝食谱推荐

鸡肉窝蛋

材料 鸡胸肉1块，鸡蛋2个。

调料 盐、黑胡椒粉、生抽、色拉油各少许。

做法

1.鸡胸肉洗净，切小块，用盐、黑胡椒粉、生抽腌制5分钟；鸡蛋打散，加少许盐，搅拌均匀。

2.锅中放少许色拉油烧热，放入鸡胸肉炒至变色，有少许焦黄色。

3.在鸡肉中间淋入蛋液，盖上盖子，小火焖2~3分钟，至蛋液凝固，出锅时再撒些黑胡椒粉即可。

生滚鱼片粥

材料 大米100克，新鲜鱼肉100克，干香菇1朵，芹菜30克，姜丝2克。

调料 香油少许。

做法

1.大米淘洗干净；鱼肉洗净，片成薄片；干香菇用温水泡软后洗净，去蒂，切细丝；芹菜去叶，洗净，切碎。

2.锅中加入1500毫升清水，用大火烧开后，倒入大米，大火煮沸后，用小火熬至软烂。

3.再改用大火，放入鱼片、香菇丝和姜丝滚煮4分钟关火，加入芹菜碎和香油调味即可。

第 347 天

宝宝食谱推荐

松子罗勒意面

材料 意大利面 100 克，虾仁 6 只。

调料 罗勒青酱适量，香油、橄榄油、盐各少许。

做法

1. 锅中加入适量水烧开，水中加少许橄榄油和盐，放入意面煮约 8 分钟，以没有硬心为宜，盛出，冲凉水，沥干，装盘。

2. 煮意面的锅里放入虾仁，烫熟后捞出，冲水后沥干，摆在意面盘中。

3. 在意面上放几勺罗勒青酱拌匀，淋上些香油口感更好。

吐司口袋饼

材料 吐司 2 片，鸡蛋 1 个，黄瓜丁 30 克，红甜椒丁 30 克，香肠丁 30 克，鲜奶 1 匙。

调料 盐、白胡椒粉各少许，色拉油适量。

做法

1. 鸡蛋打散，加入黄瓜丁、红甜椒丁、香肠丁、鲜奶、盐和白胡椒粉，混合拌匀。

2. 平底锅烧热，倒入适量色拉油，放入蛋液，以小火慢慢拌炒至蛋凝固成嫩滑状。

3. 先取一片吐司做底，加入炒蛋，再盖上一片吐司。

4. 用小碗盖在做法 3 的吐司上，用力压断，使其成紧实的圆形吐司即可。

第 **348** 天

宝宝食谱推荐

杂蔬吐司杯

（材　料）全麦吐司 200 克，鸡蛋 1 个，牛奶 100 克，胡萝卜丁、甜玉米粒、豌豆、火腿丁各 30 克，马苏里拉奶酪碎适量。

（调　料）盐少许。

（做　法）

1. 吐司切成小块；鸡蛋打散，加入牛奶、盐搅拌均匀；将胡萝卜丁、甜玉米粒、豌豆焯水后控干。

2. 吐司切放入纸杯中，撒上火腿丁、焯过的杂蔬、马苏里拉奶酪碎，再淋入蛋液。

3. 把吐司杯放入预热的烤箱，上下火 180℃，烤 8 分钟即可。

缤纷蛋沙拉

（材　料）白煮蛋 2 个，罗马生菜 2 棵，小黄瓜 1 根，小番茄 5 颗，红甜椒 20 克。

（调　料）橄榄油少许，黑胡椒碎少许。

（做　法）

1. 白煮蛋去壳，对半切开，挖出蛋黄，蛋白切小块；罗马生菜洗净，切小段；小黄瓜洗净，切片；小番茄洗净，对半切开；红甜椒洗净，切丁。

2. 锅烧热，加入橄榄油，放入蛋黄炒香，撒上黑胡椒碎。

3. 将蛋白丁和所有蔬菜放入容器中拌匀，再撒上炒好的蛋黄即可。

第 349~350 天
宝宝食谱推荐

排骨大包

包子皮

材料 面粉400克,酵母粉6克,水200克。

馅料

材料 猪肋排 250 克,豆角 500 克,洋葱 1 个,红薯粉条 50 克,葱花、姜末各适量。

调料 面酱 2 大匙,老抽 2 茶匙,生抽 2 汤匙,糖 1/2 茶匙,盐 1 茶匙,香油 1 汤匙。

做法

1. 酵母用适量温水化开,倒入面粉中,揉成光滑柔软的面团,于温暖处发酵 1 ~ 2 小时,至原体积的 2 倍大。

2. 猪肋排剁成小段,灼熟后剔骨取肉;洋葱、豆角分别洗净,切小丁;粉条泡软,剪成 1.5 厘米的小段。

3. 将面酱、老抽、生抽、糖、盐混合均匀,调成酱汁。

4. 锅中放入适量油,把洋葱丁炒至微黄,倒入姜末和排骨肉,大火翻炒。

5. 排骨肉表面变为微金黄后,倒入豆角丁,翻炒1分钟,倒入调好的酱汁,翻炒拌匀后盛出。

6. 将粉条段、葱花、香油一起放入炒好的排骨中,拌匀,做好馅料。

7. 取出发酵好的面团,揉匀,分成 10 等份的剂子,分别擀成包子皮。

8. 取包子皮,放入适量馅料,包成包子,全部包好后,静置 30 分钟。

9. 开水上锅,包子放入蒸锅,大火蒸 10 分钟即可。

第 **351~352** 天

宝宝食谱推荐

蒸嫩丸子

材料 瘦肉馅200克，青豆仁10粒。

调料 淀粉10克，生抽5克，橄榄油1茶匙。

做法

1. 青豆仁洗净，煮熟后压成泥。

2. 瘦肉馅中加入青豆泥、淀粉、生抽、橄榄油，朝一个方向搅拌上劲，再分搓成若干小丸子，置于盘中。

3. 开水上锅，盘子放入蒸锅中，中火隔水蒸半小时后取出。

4. 盘中蒸肉丸的汤再倒入炒锅中，开中火，加入水淀粉勾芡后淋在丸子上即可。

卷心菜烘蛋

材料 卷心菜、胡萝卜各100克，鸡蛋1个，面粉50克。

调料 盐、黑胡椒粉各少许。

做法

1. 卷心菜、胡萝卜分别洗净，切成细丝，放入容器中，撒入少许盐拌匀。

2. 容器中再倒入面粉，与蔬菜丝混合拌匀成没有干面粉的面糊。

3. 开小火，平底锅刷一层薄油烧热，倒入面糊，转动锅子，使面糊均匀地铺在锅底，盖盖小火慢烘。

4. 待面糊底部凝固时，打入鸡蛋，待鸡蛋凝固时，撒少许盐、黑胡椒粉调味后出锅。

宝宝食谱推荐

洋葱海苔饭卷

材料 寿司海苔 1 张，米饭 200 克，培根片 50 克，洋葱丝 50 克，生菜叶 1 片，熟白芝麻 1 茶匙。

调料 酱油 1 大匙，米酒 1 大匙，白糖、黑胡椒粉、色拉油各少许。

做法

1. 锅烧热，倒入少许色拉油，用小火煎香培根片，加入洋葱丝及所有调料炒匀，盛出后撒上熟白芝麻拌匀。

2. 取一张海苔平铺，放米饭摊平，铺上生菜叶，再放上炒好的洋葱培根，卷成圆筒状，切段即可。

茄子蛋饼

材料 长茄子1根，鸡蛋 2 个，面粉 50 克，牛奶 100 毫升，小葱适量。

调料 胡椒粉、盐各少许。

做法

1. 长茄子洗净，切成薄圆片，用盐腌 5 分钟；鸡蛋打散，面粉和牛奶先混合均匀，再倒入蛋液搅匀成蛋糊；小葱洗净，切碎，放入蛋糊中，调入胡椒粉和盐拌匀。

2. 平底锅烧热，放入茄子片，淋入适量油，快速转锅将每片茄子都沾上油，快速翻面，让另一面也沾上油，小火煎至茄子片两面都呈金黄色。

3. 锅中淋入调好味的蛋糊，轻轻转动锅，使蛋糊均匀铺满锅底略平于茄子片，中火煎至蛋饼两面金黄即可。

第 **354~355** 天

宝宝食谱推荐

芝麻小烧饼

油皮

材料 低筋面粉 110 克，水 50 克。

调料 白糖 8 克，色拉油 38 克，盐 1.5 克。

油酥

材料 低筋面粉 75 克。

调料 色拉油 33 克。

其他

材料 鸡蛋 1 个，葱花、熟白芝麻各适量。

调料 盐、白糖各适量。

做法

1. 油皮用料一起放入盆中，揉成光滑、能出膜的面团；油酥用料一起放入另一盆中，充分拌匀再揉成细腻的面团；两种面团都盖保鲜膜静置 30 分钟。

2. 把油皮团和油酥团分别揪成 10 个小剂子，用油皮包住油酥。

3. 包完后，每个依次擀成长面皮。

4. 将擀好的面皮从下往上卷起来，都卷好后，盖保鲜膜静置 10 分钟，将每个面卷再次擀长、卷起、再盖保鲜膜静置 30 分钟。

5. 再将面卷擀成长面皮，撒适量葱花和盐。

6. 从下方 1/3 处往上折，再从上方 1/3 处向下折，擀成长方形面饼。

7. 鸡蛋打散，刷一层薄薄的蛋液到面饼上，再均匀地撒一层熟白芝麻并按一按。

8. 把面饼放入预热好的烤箱中，上下火 200℃烤 15 分钟左右。

步骤 1

步骤 2

步骤 3

步骤 4

步骤 5

步骤 6

步骤 7

步骤 8

完成

喷香肉龙

材料 面粉 300 克，酵母粉 5 克，牛奶 200 毫升，猪肉末 150 克，蛋清 1 个，小葱碎 50 克。

调料 料酒 5 克，生抽 5 克，老抽 3 克，蚝油 5 克，五香粉 3 克，盐 3 克，淀粉 5 克，香油 5 克。

做法

1. 将牛奶和酵母粉混合均匀，倒入面粉中，揉成光滑柔软的面团，盖上保鲜膜，让面团在温暖处发酵至原体积的 2 倍大。

2. 猪肉末加入蛋清、料酒、生抽、老抽、蚝油、五香粉、盐，搅匀，再加入淀粉搅匀，再淋入香油拌匀。

3. 面团发酵好后，再揉一次，擀成约 5 毫米厚的长方形，分切成两份。

4. 将小葱碎放入肉馅中混合拌匀，再把馅料均匀地涂抹在面皮上。

5. 将面皮由窄的一端开始卷起，两份都做完后，盖保鲜膜静置 30 分钟。

6. 开水上锅，两份肉龙放入蒸锅中，大火蒸 12 分钟，取出放凉，切块即可。

第358天

宝宝食谱推荐

营养西葫芦拌饭

材 料 米饭60克，西葫芦15克，胡萝卜10克，牛肉10克，香菇10克，蛋黄1个。

调 料 橄榄油、洋葱汁、香油各少许。

做 法

1. 西葫芦和胡萝卜分别洗净，去皮，切碎；香菇泡软，去蒂，切碎；牛肉切碎后用洋葱汁和香油腌制一下后炒熟。

2. 平底锅中刷一薄层橄榄油，将西葫芦碎、胡萝卜碎、香菇碎和牛肉碎分别炒熟。

3. 将蛋黄摊在平底锅中，烙成蛋饼，出锅后切碎。

4. 将上述所有做好的食材放到米饭上，拌匀即可。

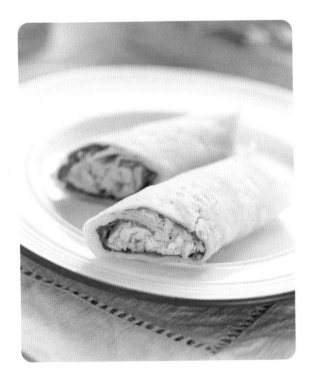

牛油果鸡肉卷

材 料 熟鸡胸肉50克，牛油果100克，生菜叶30克，超市售速冻薄饼1张。

调 料 柠檬汁1茶匙，橄榄油1茶匙，盐、黑胡椒碎各少许。

做 法

1. 熟鸡胸肉撕成丝；牛油果洗净，去皮、去核；生菜叶洗净。

2. 牛油果肉与柠檬汁、盐、黑胡椒碎混合均匀后，加入鸡胸肉丝拌匀成馅料。

3. 生菜叶用橄榄油和盐拌匀。

4. 平底锅烧热，将速冻薄饼放入锅中，煎2分钟后取出。

5. 将馅料和生菜叶放入卷饼中卷起来即可。

南瓜红枣发糕

材料 南瓜 150 克，面粉 100 克，牛奶 100 毫升，去核红枣 50 克，酵母 5 克，色拉油适量。

做法

1. 南瓜去皮、去瓤，蒸熟后捣成泥；红枣洗净，用水泡软。

2. 南瓜泥里加入牛奶、酵母拌匀，加入面粉，搅拌成糊状，盖上盖，发酵至原体积的 2 倍大。

3. 在 6 寸蛋糕模具表面抹薄薄一层色拉油，倒入南瓜面粉糊，震动模具排气，盖上盖，继续发酵 10 ~ 15 分钟。

4. 将去核红枣放在发好的南瓜面粉糊上，冷水上锅，隔水蒸 30 分钟。

5. 脱模后切块，即可食用。

萝卜牛腱汤

材　料 白萝卜 100 克，胡萝卜 50 克，牛腱肉 300 克，姜丝少许。

调　料 盐、香油各少许。

做　法

1. 白萝卜、胡萝卜分别洗净，去皮，切滚刀块；牛腱肉切块，洗净，沸水汆烫后冲洗干净。

2. 锅中放入适量水，放入姜丝、牛腱肉块，大火煮沸，再转小火煮至软烂。

3. 把白萝卜块、胡萝卜块放入锅中，继续煮至软烂，放盐和香油调味后熄火即可。

第 360~361 天

宝宝食谱推荐

圆白菜炒蛋

材 料 圆白菜 200 克，鸡蛋 1 个，姜末 5 克。

调 料 生抽适量。

做 法

1. 圆白菜洗净，切成丝；鸡蛋打入碗中，搅拌均匀。

2. 锅中放入适量油烧热，倒入蛋液炒熟，盛出。

3. 锅中再添加少许油，放入姜末炒香后放入圆白菜丝，大火快炒，再放一点生抽翻炒，出锅前放入炒熟的鸡蛋，炒匀即可。

全营养烧卖

材 料 面粉150克，猪肉馅100克，虾仁50克，干木耳2朵，胡萝卜20克，鲜香菇20克，姜末3克。

调 料 生抽 10 克，香油适量。

做 法

1. 虾仁洗净，切碎；干木耳泡发，洗净，切碎；胡萝卜和鲜香菇分别洗净，切碎。

2. 猪肉馅中加入生抽、香油、姜末、搅打上劲，再加入一半的虾仁碎、木耳碎、胡萝卜碎、香菇碎拌匀成馅。

3. 面粉放入容器中，用筷子从中间划开，一半用开水和面，一半用凉水和面，然后揉到一起，揉成光滑的面团。

4. 把面团做成一个个小剂子，分别擀压成圆面皮，将面皮压出荷叶边，做成烧卖皮。

5. 将烧卖皮中包入适量馅料，最后在收口处点缀少量虾仁碎、木耳碎、胡萝卜碎和香菇碎。

6. 烧卖全部包好后放入蒸锅中，大火蒸 12 分钟取出装盘即可。

韭菜虾仁馄饨

材料 馄饨皮100克，韭菜100克，猪肉末200克，虾仁100克，姜末3克，虾皮1茶匙，紫菜碎、香葱碎各少许。

调料 生抽、蚝油、香油各少许。

做法

1. 韭菜洗净，沥干，切碎；虾仁洗净，切碎。

2. 猪肉末和虾仁碎一起放入盆中，加入姜末、生抽、蚝油、香油搅拌均匀，再将韭菜碎放入拌好的肉馅中拌匀，做好馅料。

3. 馄饨皮中包入适量馅料，把馄饨逐个包好。

4. 煮一锅水烧开，放入馄饨，大火煮开，再添入适量冷水，煮沸后再继续煮一会儿，熄火。

5. 碗中放入虾皮、紫菜碎、香葱碎，浇入馄饨汤，再舀入馄饨，淋少许香油即可。

第 363 天

宝宝食谱推荐

红薯饼

材 料 红薯 300 克，面粉 50 克。

调 料 白糖适量。

做 法

1. 红薯洗净，去皮，切小丁。

2. 容器中放入红薯丁，再加入面粉搅拌，让面粉包裹住红薯丁。

3. 容器中再加少量清水和白糖，拌匀成红薯丁糊。

4. 锅内放少量油烧热，盛一勺红薯丁糊，倒入锅中，把形状整理成小饼状，继续下面糊，做好一个个红薯饼。

5. 用小火将红薯饼煎至定型后翻面，煎至两面金黄即可。

鲜虾云吞面

材料 云吞皮 20 张，虾仁 200 克，猪肉末 250 克，港式全蛋面 100 克，菜薹 100 克，猪骨高汤 200 毫升，姜末 5 克，香葱花 5 克。

调料 生抽 1 大匙，料酒 2 小匙，白糖 1 小匙，盐少许，色拉油适量。

做法

1. 虾仁洗净，沥水，其中 50 克剁碎；菜薹洗净，切碎。

2. 将虾仁碎拌入猪肉末，加入姜末、生抽、料酒、白糖、盐、色拉油，搅拌均匀。

3. 每 1 张云吞皮中，放入 1 份适量馅料和 1 个虾仁，包好所有云吞。

4. 将包好的云吞下入沸水锅中，煮熟后捞出。

5. 锅中下入港式全蛋面，煮至将熟时放入菜薹，下盐调味。

6. 同时，在另一锅中把猪骨高汤煮沸，并将高汤倒入汤碗。

7. 将煮好的面、菜薹和馄饨放入汤碗中，再撒上香葱花即可。

第 **364** 天

宝宝食谱推荐

胡萝卜牛腩饭

材 料 炖好的牛腩，胡萝卜 1 根，米饭 1 小碗。

做 法

1. 家里炖牛腩时，留出炖得软烂的部分；胡萝卜洗净，切片。

2. 将胡萝卜片放入牛腩中，炖软。

3. 把炖好的胡萝卜牛腩盛入米饭中即可。

第 **365** 天

宝宝食谱推荐

芦笋吐司小比萨

材　料 芦笋 2 根，甜玉米粒 20 克，火腿 50 克，吐司 1 片，马苏里拉奶酪碎 50 克。

调　料 沙拉酱（或番茄酱）、橄榄油各适量。

做　法

1. 芦笋洗净，切片；火腿切粒。

2. 把吐司放在铺好油纸的烤盘上，表面抹一层沙拉酱（或番茄酱），上面再铺一层芦笋片，芦笋片表面刷一层橄榄油，再铺上一层甜玉米粒和火腿粒，最后撒上一层马苏里拉奶酪碎。

3. 将烤盘放入预热的烤箱，200℃烤 5 分钟即可。

365天

宝宝怎么吃每日一读

附录

附录 1　妈妈和宝宝都喜欢的辅食神器

制作辅食必备神器

给宝宝制作辅食时一定要注意卫生。挑选用具时要选易清洗、易消毒、形状简单、颜色较浅、容易发现污垢的用具和餐具。

塑料制品要选无毒、开水烫后不变形的；玻璃制品要选钢化玻璃等不易碎的安全用品。注意，宝宝的辅食用具一定要用不锈钢的，不能用铁、铝制品，因为宝宝的肾脏发育不全，器具选材不当会增加肾脏负担。

小汤锅

为宝宝制作辅食时经常需要将食材煮熟，如土豆、胡萝卜、蔬菜等，所以首先要准备一个汤锅，因为宝宝辅食需要的食材量较小，所以准备一个小汤锅是最省时节能的。

蒸锅

蒸熟或蒸软食物，是辅食常用的烹饪手法，可以使用家用蒸锅；也可以使用小号蒸锅，更省时节能。

辅食研磨器

为宝宝准备辅食，应以自己动手为主，利用好各种快手小神器，做起来方便快捷。辅食研磨碗，不仅仅是好用的制作工具；也可当作道具，当着宝宝的面来研磨食物，既能提升宝宝食欲，又能促进亲子互动。研磨器适合水果、淀粉类蔬菜和炖烂的肉、米饭、面条等，特别方便。注意研磨纤维类蔬菜之前需要先将蔬菜切碎。

辅食料理机

全自动辅食料理机，可将食物蒸熟、研磨至泥糊状，安全、方便、快速、省事，但是价格较高。

榨汁机

可选购有特细过滤网、可分离部件清洗的。因为榨汁机是辅食前期的常用工具，如果清洗不干净，特别容易滋生细菌，所以在清洁方面要格外用心，最好在使用前后都进行清洗。

擦碎器

擦碎器是做丝状、泥状食物必备的用具，有两种：一种可擦成颗粒状，一种可擦成丝状。每次使用后都要洗净、晾干，食物细碎的残渣很容易藏在细缝里，要特别注意清理。

过滤器

用一般的过滤网或纱布（细棉布、医用纱布等）即可。每次使用之前都要开水浸泡一下，用完洗净、晾干。

不锈钢勺子

可以刮下质地较软的水果肉，如木瓜、哈密瓜、苹果等；也可在制作泥状食物时使用。

削皮器

居家必备的小巧工具，便宜又好用，建议妈妈准备一个宝宝专用的，与平时家用的区分开，以保证卫生。

搅棒

泥糊状辅食的常用工具，一般的棍状物体甚至勺子等都可以代替。

宝宝进食贴心用具

儿童餐椅

可以培养宝宝良好的进餐习惯，会走路以后吃饭也不用家长追着喂。

婴儿勺

需选用软头的宝宝专用勺，在宝宝自己独立使用的时候，不会伤到自己。

吸盘碗

防止宝宝把碗摔到地上。注意吸盘不要直接放进微波炉中，因为可能会导致变形，影响吸盘的吸附功能。

围嘴

半岁以前只需防止宝宝弄脏自己胸前的衣服；半岁以后，随着宝宝活动的范围大大增加，就需准备罩衣或围嘴了。

口水巾

准备四五条，进食时随时需要擦拭宝宝的脸和手。

保鲜专用物品

保鲜盒

做多了的辅食可以存在保鲜盒里冷藏起来，以备下次食用。

储存盒

宝宝外出玩耍时，带的小点心或切丁的水果可以放到储存盒里。如果带的是水果，还要带几只牙签，最好用保鲜膜包起来。

冷藏专用袋

最好是用能封口的专用冷藏袋，将做好的辅食分成小份，用保鲜膜包起来后放入袋中。

附录 2　扫除体内损脑物质的饮食攻略

随着工业的发展，各种污染广泛存在于生活的各个角落。这些污染物会伤害到抵抗力弱的宝宝，尤其是对宝宝的智力有着严重的消极影响。

伤害宝宝的五大毒物

损脑物质	对宝宝脑部的危害
铅	铅污染越严重的地方，儿童智力低下的发病率越高。儿童的血铅水平每上升 100 微摩尔 / 升，其智商（IQ）要下降 6 ~ 8 分。儿童血铅过高易导致小儿多动症、注意力不集中、学习困难、攻击性行为及成年后的犯罪行为。
甲基汞	易导致儿童神经性行为发育障碍，包括注意力、记忆力、语言、精细运动、听力和视味觉等方面的异常。
镉	易致中枢神经系统损害，如脑损害、脑神经发育不良、记忆力下降、精神发育迟滞等。
多氯联苯	可致小儿生长发育神经性迟缓、肌张力过低、痉挛、行动笨拙、智商降低。
杀虫剂	杀虫剂中含有的有机污染物会使宝宝大脑及神经系统出现障碍。生活在杀虫剂污染严重的环境中的宝宝，从 2 ~ 4 岁起就会出现记忆力减退、注意力难以集中、学习困难等障碍。到了学龄期，其平均智商可能比正常同龄宝宝低 6% 以上。

居家饮食排毒措施

多吃富含维生素 C 的食物

维生素 C 可与毒素结合，生成难溶于水的物质，从而通过粪便排出。维生素 C 广泛存在于水果蔬菜中，带酸味的水果，如橘子、柠檬、石榴、山楂，尤其是酸枣中的含量最丰富，苹果、草莓、圆白菜、蒜苗、番茄、菜花等也含有维生素 C。

多吃富含蛋白质和铁的食物

蛋白质和铁可取代毒素与组织中的有机物结合，加速毒素代谢。含优质蛋白质的食物有鸡蛋、牛奶和瘦肉等，含铁丰富的绿叶蔬菜和水果有菠菜、芹菜、油菜、萝卜缨、苋菜、芥菜、番茄、柑橘、桃、菠萝和红枣等。

多吃富含果胶的食物

果胶属于天然高分子物质，分子量为 15 万 ~ 30 万，由几十个至几百个脱水的半乳糖醛酸组成，常与钙或镁形成巨大的网络结构，然后与体内的铅、汞等毒素形成不溶解的不能被吸收的复合物，再通过粪便排出体外。果胶对毒素有强大的捕捉力，可以有效地清除人体内的毒素和其他重金属。因此，可多吃含果胶较多的食物。尽管所有植物都包含一定数量的果胶，但柑橘类水果、苹果和杏提供的果胶最多。

附录3　有损大脑发育的食材黑名单

虽然食物是宝宝大脑发育的重要营养来源，但并不是所有的食物都对宝宝的大脑发育有益，也有不少食物对宝宝的大脑有很强的杀伤力，下面就列出一些有损宝宝智力发育的食材黑名单。

煎炸食品

煎炸过的食物放置不久后，就会生成过氧脂质，过氧脂质进入人体后，会对人体内的某些代谢酶系统及维生素等产生极大的破坏作用，从而造成大脑早衰和智能障碍。

味精

味精的主要成分为谷氨酸钠，在消化过程中能分解出谷氨酸，谷氨酸含量一旦过高就会转变成一种抑制性神经递质。宝宝摄取过量的味精后，还容易导致体内缺锌。

白糖

白糖是典型的酸性食品，饭前多吃含糖高的食物，害处尤其显著。因为糖在体内过剩，会使血糖上升，感到腹部胀满。长期大量食用白糖会引起肝功能障碍。如果宝宝吃白糖过多，不仅容易发胖，而且糖汁留在牙缝里，容易造成龋齿。长期过量地食用白糖，易使宝宝形成酸性体质和酸性脑，严重影响宝宝的智力发展。因此，为了保护宝宝的智力，尽量让宝宝少吃白糖及用白糖制作的糕点、饮料等。

过咸食物

人体对食盐的生理需要极低，成年人每天6克以下，宝宝每天1克以下就足够了。常吃过咸食物会损伤动脉血管，影响脑组织的血液供应，使脑细胞长期处于缺血、缺氧状态，从而导致记忆力下降、大脑过早老化。

咖啡

咖啡中所含的咖啡因，是一种生物碱，对人的大脑有刺激作用，以致引起兴奋。在咖啡因作用的影响下，大脑供血会减少，如果父母给宝宝吃过多含咖啡因的食物，就会严重影响宝宝的智力发育。

附录 4 给宝宝多吃健脑食材

宝宝出生后，特别是在宝宝刚刚出生后的 3 年里，大脑的发育非常迅速。宝宝长到 7 ~ 8 岁时，脑重量已达到成年人的 90% 左右。为了促使宝宝的大脑更好地发育，从小就应多给宝宝吃健脑食品，使宝宝成为一个聪明的孩子。

鱼类、贝类

鱼肉脂肪中含有对神经系统具备保护作用的一种脂肪酸，这种脂肪酸有助于健脑。而且鱼类还可以给大脑提供优质的蛋白质和钙，对大脑细胞活动有促进作用。尤其是深海鱼类，富含 DHA、二十碳五烯酸、二十二碳六烯酸等对脑发育极为有益的物质。经常让宝宝吃鱼，对宝宝的大脑发育非常重要。特别是在发育早期，吃鱼还有助于加强神经细胞的活动，从而提高学习和记忆能力。

贝类中碳水化合物及脂肪的含量非常低，几乎是纯蛋白质，可以快速供给大脑大量的酪氨酸，因此可以大大激发宝宝大脑能量，提高情绪以及提高大脑功能。

动物内脏

动物内脏不但营养丰富，其健脑作用也大大优于动物肉质。因为动物内脏比肉质含有更多的不饱和脂肪酸。动物的肝、肾富含红细胞的重要组成成分——铁质，血液中的铁含量充足，可为大脑运送充足的氧气，保证红细胞的质量，从而能有效地提高大脑的工作效率。

鸡蛋

鸡蛋中所含的蛋白质是天然食物中非常优良的蛋白质之一，它富含人体所需要的氨基酸，而蛋黄中所含的丰富卵磷脂被酶分解后，能产生出丰富的乙酰胆碱，进入血液后又会很快到达脑组织中，可增强记忆力。同时，蛋黄中的铁、磷含量较多，均有助于大脑发育。但要注意，1 岁以内的宝宝只需吃蛋黄，最好不吃蛋白，因为蛋白中的白蛋白分子很小，而宝宝肠壁的通透性较高，蛋白未经消化可直接通过肠壁进入血液，成为宝宝体内的一种异性蛋白，1 岁以内的宝宝对异性蛋白很容易产生过敏反应。因此，蛋白最好等宝宝 1 岁以后再吃。

全麦制品和糙米

增强机体营养吸收能力的最佳途径是食用糙米。糙米中含有各种维生素，对宝宝保持认知能力至关重要。其中维生素 B_6 对降低类半胱氨酸的含量有很大的作用。

深色绿叶蔬菜

蛋白质食物在人体新陈代谢时会产生一种名为类半胱氨酸的物质，这种物质本身对身体无害，但含量过高会引起认知障碍和心脏病。而且类半胱氨酸一旦氧化，就会对人体动脉血管壁产生毒副作用。维生素 B_6 或维生素 B_{12} 可以防止类半胱氨酸氧化，而深色绿叶蔬菜中维生素含量最高。

核桃和芝麻

现代研究发现，核桃和芝麻所含的营养物质非常丰富，特别是不饱和脂肪酸含量很高。因此，人们常吃它们，可为大脑提供充足的亚油酸、亚麻酸等分子较小的不饱和脂肪酸，以排除血管中的杂质、增强大脑的功能。另外，核桃中含有大量的维生素，对于改善神经衰弱、失眠症、松弛脑神经的紧张状态、消除大脑疲劳有很好的功效。但核桃容易呛进宝宝气管，所以 1 岁以内的宝宝宜碾碎了再吃。

豆类及其制品

豆类食品含有人体所需的优质蛋白和 8 种必需氨基酸，这些物质都有助于增强脑血管的机能。另外，豆类还含有卵磷脂、丰富的维生素及其他矿物质，特别有益于宝宝的脑部发育。但一次不宜大量摄取，因为此类食物可算是植物中的肉类，食用后会有饱胀感。

水果

菠萝中富含维生素 C 和重要的微量元素锰，对提高人的记忆力大有帮助；柠檬可提高人的接受能力；香蕉可向大脑提供重要的物质——酪氨酸，而酪氨酸可使人精力充沛、注意力集中，并能提高人的创造能力；橘子含有大量维生素 A、维生素 B_1 和维生素 C，属典型的碱性食物，可以消除大量酸性食物对神经系统造成的危害。

附录 5　警惕容易造成哽噎的 7 种食物

　　宝宝在进食的时候，并不像成年人那样可以控制进食的量，有时还会将未经咀嚼的食物整个吞下，从而造成食道阻塞而发生哽噎，严重时，可能会危及宝宝的生命。因此，家长要小心应对，避免给宝宝添加以下这些容易导致宝宝哽噎的食物。

果冻

　　果冻是宝宝喜欢的零食，因其晶莹的外观、鲜艳的色泽、软滑的口感而深受宝宝的喜爱。但给宝宝吃果冻时，要小心留意，更要注意方法，以免宝宝因吞食果冻而发生意外。

应对方法

　　建议家长给宝宝吃果冻时，不要把整个果冻给宝宝，可以先切碎后再给宝宝吃，这样既方便宝宝品尝，又不会造成哽噎。

其他注意事项

　　宝宝吃果冻不宜过量。

　　另外，有些果冻虽然号称是"果味"果冻，但实际上生产原料中并没有果汁、果肉，而是添加了果味香精和食品色素。这样的果冻，营养价值不高，最好不要给宝宝吃。

糖果

　　糖果是以白砂糖、淀粉糖浆、甜味剂等为主要原料制成的，因甜美的口感而深受宝宝喜爱。常见的糖果有硬糖、软糖、奶糖、夹心糖等，无论哪种糖果，都不宜整颗给宝宝食用，要避免发生哽噎。

应对方法

　　刚开始给宝宝吃糖的时候，最好从软糖开始，而且要将软糖切成丁再给宝宝吃。硬糖则要等宝宝大一些的时候再吃。

其他注意事项

　　宝宝不宜多吃糖果，家长要控制宝宝吃糖的量，以免引起龋齿。

　　每次吃完糖要让宝宝喝一些白开水。

大块的肉

肉块过大，宝宝无法充分咀嚼，极容易导致哽噎。因此，在宝宝咀嚼能力增强之前，避免给宝宝添加大块的肉。

应对方法

可将大的肉块切成肉丁或者绞成肉末。当宝宝牙齿长齐且咀嚼能力增强之后，就可以给宝宝吃稍微大块的肉了。

刺多的鱼

鱼类含有丰富的营养，对宝宝健康十分有利。但很多鱼的刺较多，稍有不慎就会伤到宝宝，甚至会刺伤宝宝的口腔和食道。

应对方法

给宝宝吃鱼时，应尽量将鱼刺剔除干净。最好给宝宝吃一些刺少的鱼，如三文鱼、银鱼、鳕鱼等。另外，烹制鱼肉时，可将鱼处理成碎末，这样更便于剔除鱼刺。吃鲈鱼、鲫鱼、鲢鱼、鲤鱼、武昌鱼时，最好给宝宝选择没有小刺的腹肉。

其他注意事项

宝宝一旦被鱼刺卡住，家长要保持镇定，一定要尽快带宝宝就医。另外，鱼刺夹出后的两三天内也要密切观察，如宝宝还有咽喉痛、进食不正常或流口水等表现，一定要带宝宝到正规医院的耳鼻喉科进行检查，确定是否有残留的异物。

坚果

坚果含有丰富的不饱和脂肪酸，对婴幼儿的智力发育十分有利。但需要注意的是，给宝宝吃坚果时，应避免将果仁直接给宝宝食用，以免噎到宝宝，甚至导致气管异物。

应对方法

给宝宝吃的坚果最好捣成碎末，然后加入其他食物中搅拌均匀再给宝宝食用。

其他注意事项

有些坚果可能会引起婴幼儿过敏反应，如花生等，因此不宜随意添加。最初可以少量添加，观察宝宝没有过敏反应后，可以增加食用量。

选购坚果时，应选择新鲜、品质良好的。过期和发霉、变质、有异味的坚果，千万不要给宝宝吃。

体积较小的核果类水果

樱桃、葡萄、荔枝、桂圆等体积小巧的核果类水果，虽然味道鲜美，但并不适合直接给婴幼儿食用，因为这类水果非常容易导致宝宝哽噎。

应对方法

将果核去除后，再将水果磨成泥给宝宝食用，就不用担心宝宝被噎住了。

其他注意事项

樱桃、荔枝、桂圆属热性食物，宝宝不宜过量食用。

纤维较多的蔬菜

白菜、芹菜、豆芽等含膳食纤维较多，如果直接给宝宝吃较大块的蔬菜，宝宝嚼不烂，无法消化，还容易卡喉。

应对方法

将蔬菜切成小丁或者磨成泥，再给宝宝吃。

其他注意事项

宝宝患腹泻期间，忌食纤维较多的蔬菜。